景观设计思维手绘表现

郑晓慧 著

化学工业出版社

·北京·

本书从景观手绘的绘画技巧和设计思想出发，详细地讲解绘画技巧，重点介绍如何培养设计思维，并通过场景分类讲述在不同场景模式下的绘画要点，使读者可以准确地找到学习的方向，进行专题性训练。本书分为六章，内容包括手绘初识、手绘入门、景观配景元素、景观单体、景观场景效果图与景观方案节点思维表达。本书作者拥有丰富的教学经验，语言通俗易懂，绘画质量上乘，是一本适合景观设计专业在校生、考研学生及在职设计师阅读的书籍。

图书在版编目（CIP）数据

景观设计思维手绘表现 / 郑晓慧著. -- 北京 ： 化学
工业出版社，2020.1（2023.3重印）
　　ISBN 978-7-122-35206-4

Ⅰ．①景… Ⅱ．①郑… Ⅲ．①景观设计－绘画技法
Ⅳ．①TU986.2

中国版本图书馆CIP数据核字（2019）第203035号

责任编辑：王 斌　吕梦瑶　　　　　　　　　　　　　　　　　　　　　　　　　　装帧设计：金 金
责任校对：王 静

出版发行：化学工业出版社（北京市东城区青年湖南街13号　邮政编码100011）
印　　装：北京宝隆世纪印刷有限公司
710mm×1000mm　1/12　　　　　　印张 17　　　　　　字数 280 千字　　　　　　2023 年 3 月北京第 1 版第 4 次印刷

购书咨询：010-64518888　　　　　　　　　　　　　　　　　　　　　　　　　　售后服务：010-64518899
网　　址：http://www.cip.com.cn
凡购买本书，如有缺损质量问题，本社销售中心负责调换。

定　　价：79.80 元

前 言

感谢你选择了这本书，感谢与你偶然的相遇。

很荣幸拥有这个机会，跟大家在书中见面。自从上本书出版之后，期间相隔了有近 3 年的时间，这 3 年来，我一直在坚持手绘，并接触了很多园林及景观专业的学生，他们或许是考研，或许是工作，或许仅仅是爱好。在发掘大家需求的同时我经常在想，到底能教给大家什么呢，在大家的初步认知里，手绘又是什么呢？

虽然接触的人以应试的学生居多，但我仍想坚持初心，把我理解的手绘分享给大家。作为景观设计师，你不可以仅仅钻研手绘的表达技法，还需要多看、多思考，多去体验好的设计，而手绘仅仅是一个表达我们思维的工具，只有手和脑的同步，才是作为一个专业的学生或设计师应该追求的目标。

本书除了讲解手绘基本功，如线条、透视、构图、景观单体、植物、马克笔技法之外，还分析了大量场景案例，如高差空间、滨水空间、儿童空间、中式景观，以及一些有意思的特色小节点。要学会用手去快速地记录它们，让手绘真真切切地融入我们的生活，在学习景观手绘技法的同时，开阔眼界，丰富思维。

如果通过我的一点点努力可以让你爱上手绘、爱上设计，那将是我写这本书最大的幸福。

最后，再次感谢化学工业出版社，感谢可爱耐心的编辑及所有参与本书工作的伙伴们。感谢广大网友及同学们长期以来的关注和支持。书中如有不足之处，还请广大读者及前辈批评指正。

郑晓慧

2019 年 8 月 23 日

目 录

手绘初识

提到"手绘"二字，浮现在大家脑海里的是什么呢？

是专业课老师布置的大量手绘效果图作业，还是为考研准备的手绘快题设计？在作业或考研的压力下，才强迫自己去完成学习手绘的这项任务吗？在学习手绘的过程中，想必大家肯定充满了疑惑，甚至是被某种任务牵着鼻子走，而没有真正地思考过为什么要学习手绘，手绘对于未来有哪些帮助，在哪些工作中能用到手绘。在考虑清楚这几个问题之后，大家的学习热情才会被激发出来。

在正式开始学习手绘之前，我们先来认识一下手绘的学习阶段。

1.1 临摹阶段

这是大家学习手绘的第一步，零基础学习手绘都会从线条、透视、构图、单体等方面入手，这些是构成一张效果图最基本的元素。临摹过程中，大家学习的是以下几个方面。

① 不同场景的表达手法，如广场景观、滨水景观、儿童景观、高差场地等。

② 不同配景元素的表达手法，如乔灌木、石头、天空、人物等。

③ 如何用马克笔来表现不同的材质及纹理，如水体、石头、玻璃、木材等。

④ 不同的气氛应该用怎样的配色比例，如冷色系、暖色系及季相景观特点。

⑤ 学习不同的构图和透视形式，可以让效果图看上去更有视觉冲击力，从而更好地表达设计空间。

当我们积累足够多的案例时，自然能够熟练掌握不同场景、材质、配色的画法，这个时候就可以进入手绘的下一个阶段。

1.2 实景写生阶段

写生阶段可分两种，一是户外写生，二是参照一些实景案例的照片进行改绘。

先说第一种——户外写生。大学阶段应该都少不了外出写生的经历，户外写生更多的是对自然景观的描绘，练习快速地概括一个场景的构图并进行景观搭配（比如道路、植物、石头、水体等）、色彩搭配（感受光影产生的明暗关系和色彩关系）。

第二种——实景照片改绘。在此，我更推荐第二种形式，现在网络和图片分享平台都如此发达，搜索到的案例图片不管是设计，还是构图、色彩质量都不错。相比坐在户外更方便快捷，也更适合静下心来去创作。

在写生的时候，要按照临摹阶段学会的构图特点和场景的概括手法来表现。实景照片跟手绘表现出来的虚实关系是不同的，手绘表达的时候要注意区分主次关系，学会概括、省略、留白。这样可以使我们快速地掌握绘制线条和概括场景的能力。

在选图改绘的过程中需要注意的是，作为园林景观设计专业的学生，我们更应该利用日常的时间去积累设计的灵感和素材，所以在选图的时候，大家要学会做分类整理，如高差设计、滨水设计、儿童空间、广场设计等，这也是各大高校的快题考试中会高频考到的考点。

1.2.1 案例 1：玻璃栈道实景写生

本案例绘制的为某一玻璃栈道，架空的道路形式可以应用于山地景观或者地形较为复杂的场地，穿梭在林间的行走体验增强了游人在该场地内游览的体验感，可适当地布置供登高望远的观景台，使其成为一个不错的设计节点。

玻璃栈道实景照片与效果图

1.2.2 案例 2：景观节点实景写生

该节点可设置于社区公园一角，供居民游览休息。实景照片的构图其实并不完美，主体物构图过于饱满，改绘效果图时，我们需要对其构图进行适当的调整，如缩小主体物，增加周围环境等。这个过程需要我们有大量的案例积累，合理地按照自己的理解去丰富、美化环境效果，增加适当的场地及休息节点，丰富远景植物，营造空间层次丰富的画面效果。

景观节点实景照片与效果图

1.3 设计表现阶段

设计表现是基于前两个阶段都非常熟练的基础上进行的。当我们积累的设计案例足够丰富的时候，脑海中自然会形成一个强大的素材库，在设计某个节点时，我们可以快速地提取出曾经绘制过的或者看到过的不错的案例，这就是平时做设计的前期工作——收集意向图。有了意向图后，可以根据场景设计需求，绘制出符合自己思路的场景设计表现效果图。

1.3.1 案例 1：某儿童活动场地的构思过程

实景照片中是个不错的儿童滑梯节点，如果再加个木质台阶休息座椅会是什么效果呢？

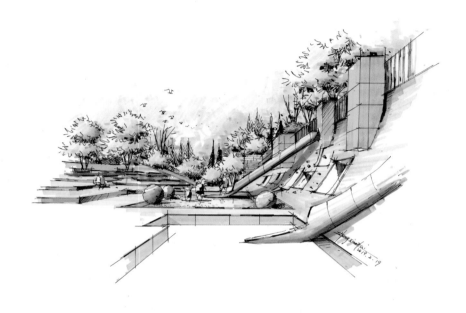

某儿童活动场地实景照片与效果图

本案例中将台阶座椅做了镜像变化，放置在画面的左侧，增加了场地的休息空间。在表现技法上，只要保证透视正确、比例合理，重组之后的空间就会让人眼前一亮。

设计表现又分为设计草图表现和设计效果图的最终呈现。

设计草图表现更多存在于节点设计的推敲过程、团队的沟通过程，或跟客户沟通设计意图的过程中，不需要画得过于细致，表达出大概的构思即可。在这种情况下，手绘不可忽视的一个优势就是快速，一个优秀的设计师可以快速地表达自己的想法，而且还可以让对方在最短的时间内快速领会自己的创意点，这无疑是个非常高效的专业技能。

设计效果图的最终呈现，即在原有设计草图的基础上进行深化，最终达到细腻的刻画效果。

1.3.2 案例 2：某景观建筑的构思过程

某景观建筑的构思过程

　　在学习和提高设计手绘的过程中，大概要经历以上 3 个阶段。至于手绘的不同风格，不同的表现技法，则是仁者见仁了，大家喜欢什么样的风格就去临摹什么样的，在这里没有硬性的标准。不管是什么样的风格，最终的目的都是准确、快速、生动地表达出我们需要的场景。

第2章 手绘入门

2.1 工具介绍

平时同学们问得最多的问题就是画图都用哪些工具，在开始我们的教程之前，先给大家推荐一下我平时画图用得比较顺手的工具。

绘图纸

普通打印纸，A3、A4 均可，建议使用 80g 的纸，纸质略厚，后期用马克笔上色不容易晕开。

绘图笔

起草用的铅笔建议使用 HB，该型号颜色偏浅，不容易弄脏画面，后面也好擦除。上墨线的绘图笔比较多，推荐以下几种。

凌美狩猎者，推荐 F 笔尖（约 0.7mm），EF 偏细，可根据自己的习惯选择。还可以选择白雪走珠笔、晨光会议笔等。不同绘图笔笔尖质感不同，绘制出的线条质感也略有差别。应选择笔尖略带弹性的笔，这样绘制的线条比较富有变化，能使画面变得生动。绘图笔品牌众多，书写流畅即可。

马克笔

马克笔作为手绘图主要的上色工具，品牌众多，推荐使用酒精性马克笔，绘图颜色可无限叠加。不推荐水性马克笔，其颜色不易叠加。推荐品牌：法卡勒（1 代、2 代均可）。其他品牌：凡迪、TOUCH、斯塔、AD、犀牛、COPIC。为方便大家参考学习，本书教程中配色均使用法卡勒 1 代马克笔。

钢笔水

凌美、百利金都不错。

彩铅

作为色彩过渡的工具，其笔触具有独特的磨砂质感，也可用来快速绘制设计草图。推荐品牌：马可、辉柏嘉、捷克酷喜乐。本书教程中使用的彩铅为捷克酷喜乐。

色粉

作为辅助上色的工具，适合做大面积的环境色铺色，具有独特的画面质感。推荐品牌：马利。

高光笔

绘图辅助工具，用于局部提亮。推荐品牌：樱花。

2.2 线条技巧及控笔练习

2.2.1 绘图坐姿及握笔姿势

正确的绘图坐姿需要挺直腰，身体略前倾，不要伏在桌面上，避免胳膊活动受限。手绘表现的握笔及运笔姿势有一定的规律可循，并不是严格规定，可根据个人习惯自行选择，书中介绍仅供参考。

握笔时虎口朝上，手距离笔尖 2~3cm 为宜，不要握太低，避免遮挡视线。建议拇指不要压住食指，握笔要放松自然。绘图时，笔尖与纸面接触角度不宜过大，建议 30° 为宜；运笔过程中，无论绘制什么方向的线条，笔杆都要与所画直线保持 90°，线条无论长短都必须流畅，运笔时以肩膀作为支撑点，手腕保持不动，手臂平移划线。

2.2.2 线条技巧练习

线条技巧练习大致可分为以下 3 个练习阶段。

（1）第一阶段：自由线条

不限制方向、长度的线条，主要练习绘图时自然、放松的感觉，不要有太大的心理压力。线条可分为横线、竖线、抖线、斜线、扫线、弧线、曲线等类型。

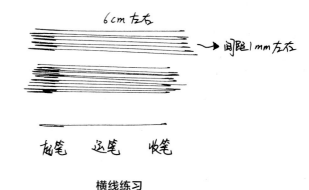

横线练习

① 横线：最基础的线条之一，运笔时讲究起笔、运笔、收笔三个过程。起笔要快、运笔要肯定、收笔要稳，起笔、运笔、收笔要保持在同一条直线上，线条两头重，中间轻，线条要肯定，运笔要放松。

② 竖线、抖线：是常用的竖直方向的线条。绘制垂直方向的竖线时容易画歪，故略长的线条会用抖线来画，有利于保证竖向线条的垂直。要注意线条尾部的收笔，应让线条看起来更有力道。如果需要绘制更长的线条，可以通过绘制抖线（慢线），并用断点连接的方法来表现，断点的间隙一定要小，以保证线条的流畅性。

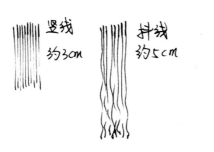

竖线、抖线练习

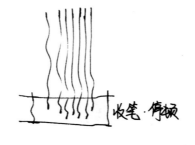

断点连接练习

③ 斜线：绘制技巧同横线，注意线条间的搭接方式，两头加重的部分互相交叉。

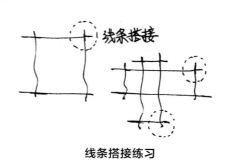

线条搭接练习

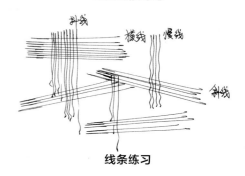

线条练习

④ 扫线：不需要刻意起笔、收笔，作为一种可灵活表现的线条，通常用于绘制阴影线及投影部分。

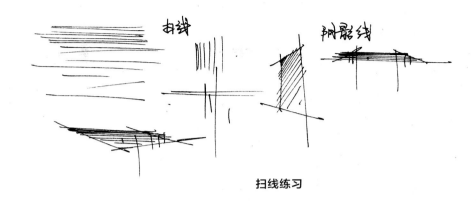

扫线练习

阴影排线方向

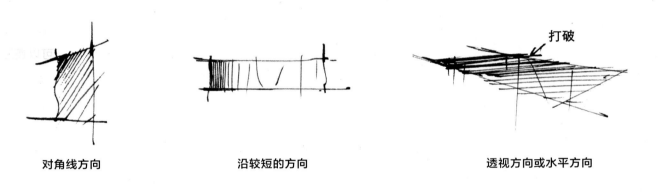

对角线方向 沿较短的方向 透视方向或水平方向

阴影错误画法

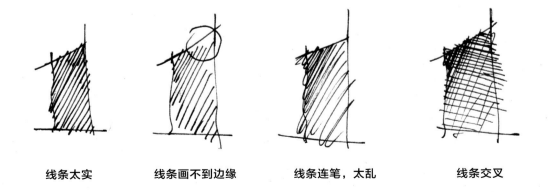

线条太实 线条画不到边缘 线条连笔，太乱 线条交叉

⑤ 弧线：有起笔、收笔的弧形线条，运笔技巧同直线的画法，可用于单体的绘制。

⑥ 曲线：画曲线过程中，运笔一定要稳，弧度较大、较复杂的曲线可以用断点连接的方法去画，整体线条流畅即可，如绘制自然的曲线道路等。

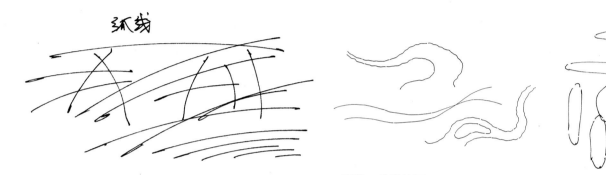

弧线、曲线练习

（2）第二阶段：定点划线

本阶段的练习是为后期徒手绘图打基础，有利于快而准地掌握画面透视关系。

定点划线练习是用两点连线的方法，练习规定方向的线条，可以结合一些平面的形态练习对线条的控制能力。

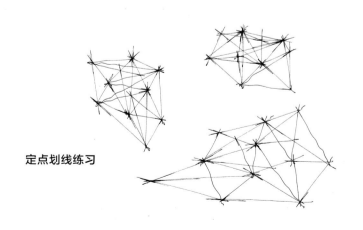

定点划线练习

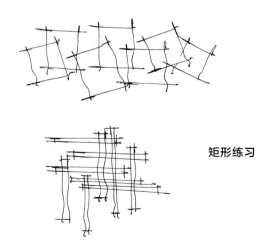

矩形练习

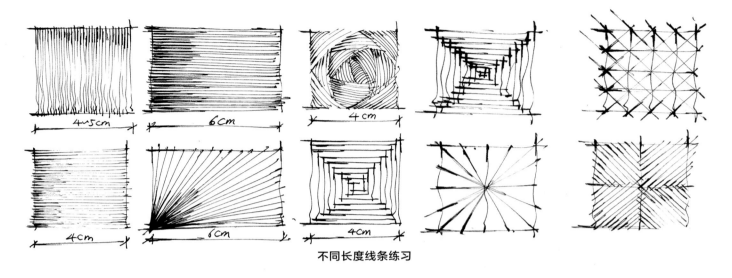

不同长度线条练习

（3）第三阶段：限定方向、限定长度比例的线条练习

这个阶段我们需要结合一些实际的设计方案来进行讲解。

首先需要理解"相对比例尺"这个概念，即以某一任意长度为参考单位，绘制出一个完整的平面节点。例如：画一个直径约 1cm 的圆来代表一棵直径 5m 的行道树，那么我们就可以轻易画出 2m 的道路或 10m 的广场的大概长度和范围了。

这也是设计手绘中一个重要的应用，绘制景观平面方案时，出现在画面中的线条都具有其存在的意义。

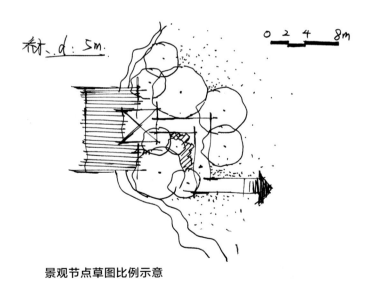

景观节点草图比例示意

不同长度比例的矩形方块练习

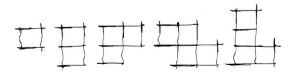

掌握以上线条绘制技法后，就可以设定一个相对比例尺，随意勾画比例合理、尺度适宜的设计草图了。平时可以多画一些小空间的节点平面来练习线条的尺度感。

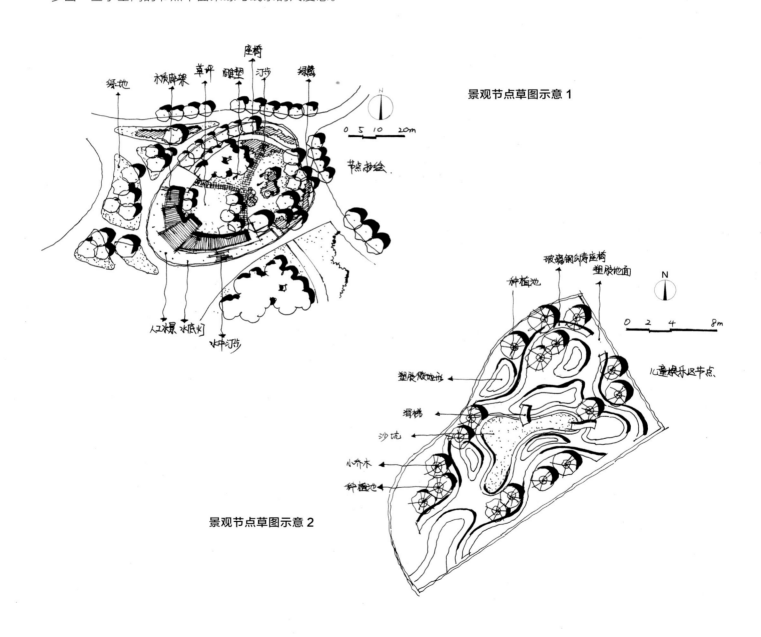

景观节点草图示意 1

景观节点草图示意 2

2.3 透视原理和几何体块练习

2.3.1 常用透视概念

将基本线条的绘制方法掌握熟练之后，接下来这步就是很多同学头疼的透视问题，我们先来熟悉一下画图过程中常用到的透视概念。

视点（S）：指人眼睛所在的位置。

视平线（HL）：指与视点同高的假想中的一条水平线。

灭点（VP）：在视平线上，空间中所有互相平行的线在无限远处都会消失于一点，这个点就是灭点。

地平线：指无限远处天地相接的一条水平线。

2.3.2 透视种类

绘图过程中常见的几种透视。

（1）一点透视

一点透视又称平行透视，其特点可简单概括为：横平竖直、消失于一点。

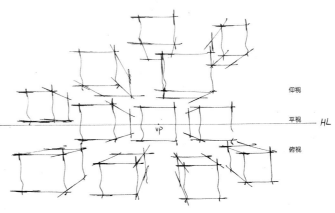

一点透视

一点透视中式景墙效果图

（2）两点透视

两点透视又称成角透视，其特点为两个灭点消失在同一条水平线（即视平线）上。

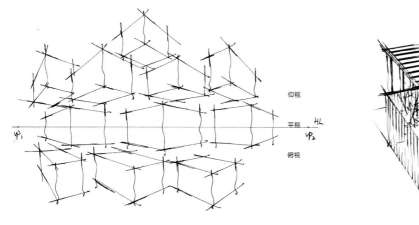

两点透视

两点透视景观俯视图

两点透视景观亭效果图

（3）不规则透视

在实际的方案设计中，并不是所有的案例都是矩形构图，更多的是由折线、曲线，或多种元素穿插构成，此时透视就不再是纯粹的一点透视或两点透视。

当一点透视、两点透视同时存在时，其灭点均在视平线上。

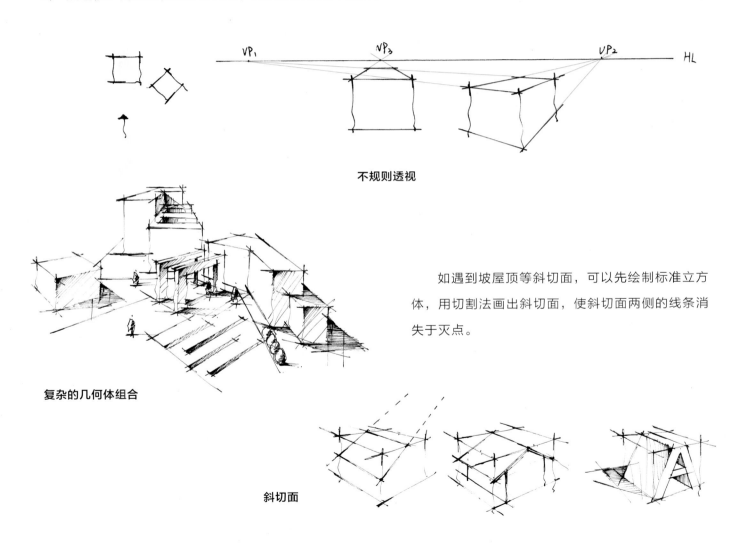

不规则透视

复杂的几何体组合

如遇到坡屋顶等斜切面，可以先绘制标准立方体，用切割法画出斜切面，使斜切面两侧的线条消失于灭点。

斜切面

绘制不规则的石材座椅组合时，远处单体的顶面应尽可能压平。

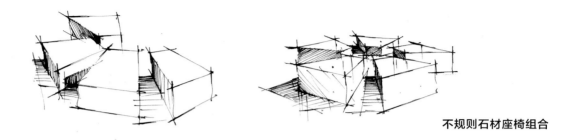

不规则石材座椅组合

绘制弧线元素透视，如弧形廊架时，使其弧线在远处无限接近视平线即可。

弧形廊架

绘制曲线元素透视，如曲线道路时，应将远处的线条尽量压平。

曲线道路

曲线景墙的上下两条弧线均向视平线无限接近即可。

曲线景墙

绘制不规则折线元素同理，越往远处线条越接近视平线，某些特殊造型的单体，仅描述轮廓形态即可，不必明确透视关系。

由此，我们可以总结出以下 3 个透视规律：

① 空间中互相平行的线一定消失于同一个灭点；

② 与地面平行的线，一定消失于视平线；

③ 曲线、折线等不规则形态应尽量压平，无限趋向视平线。

不规则折线景墙

2.3.3 几何体块透视练习

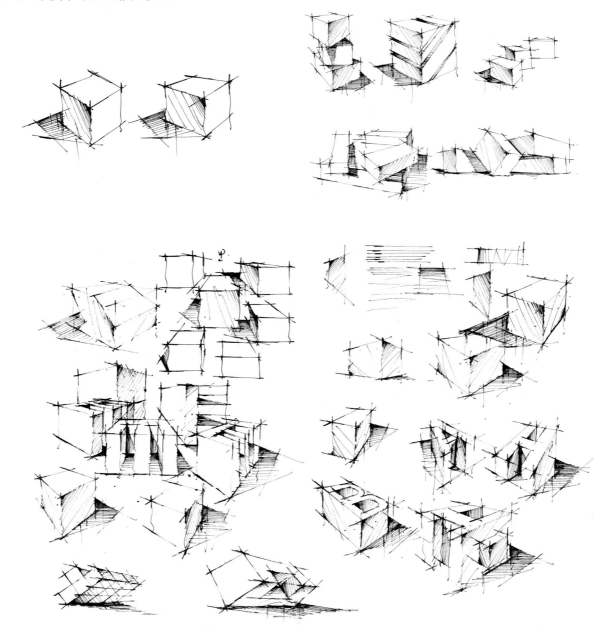

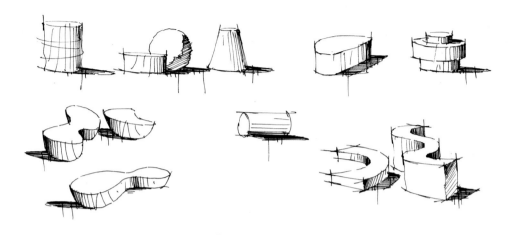

通过几何体组合推导三维空间多视角训练，可以提高对于空间布局的敏感度。

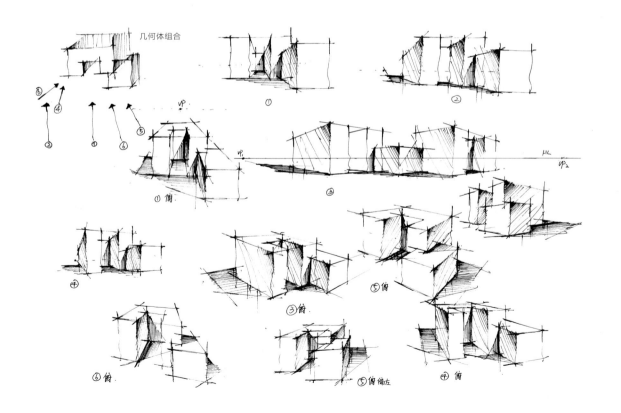

2.4 景观鸟瞰图

在快题考试中经常会考到景观鸟瞰图，在有限的时间内快速表达全园的整体效果，交代路网结构、植物搭配形式、游览轴线是绘制景观鸟瞰图的目的。

2.4.1 视角的选择

根据平面图绘制全园鸟瞰图，通常有两种视角可以参考：一点透视、两点透视。

（1）一点透视

一点透视鸟瞰图的视野较开阔，整个场地可以较均匀地展现在画面中，注意图中加阴影的夹角，一点透视的夹角均小于90°，夹角越小，视平线越低，适合表现较大的公园场地；夹角越大，视平线越高，适合表现空间较小的场地，如街心公园、小广场、庭院等。

一点透视鸟瞰图绘制方法

（2）两点透视

两点透视相比一点透视更有侧重点，着重表现处于前方的夹角，如重点表现主入口、主广场等。注意图中阴影夹角，两点透视均大于90°，夹角越小，视平线越高，越适合表现较小的场地；夹角越大，视平线越低，越适合表现较大的场地。

两点透视鸟瞰图绘制方法

（3）不规则场地透视

除以上规则的矩形场地外，实际情况中遇到的场地更多的是不规则的形态。

① 缺角场地。可先将场地补充为完整的矩形，利用切割的形式绘制鸟瞰透视框。

缺角场地鸟瞰图绘制方法

② 不规则多边形。同理，先将其补充为完整的矩形，画出透视框、定位点的位置后进行切割。

不规则多边形场地鸟瞰图绘制方法

③ 不规则曲线形态。将其补充为完整的矩形，进行切割变化，常见空间有曲线水岸线空间。滨水空间通常作为场地的特色空间，可以尝试调整空间角度，将水岸线或重点部位放在画面前方进行表现。

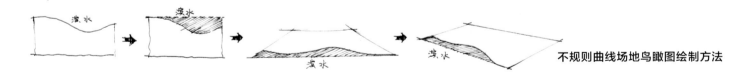

不规则曲线场地鸟瞰图绘制方法

④ 圆形在鸟瞰图中的表现。场地中常用到圆形广场、半圆入口等形式，绘制鸟瞰角度时，需要把圆放平，水平方向压扁画即可。

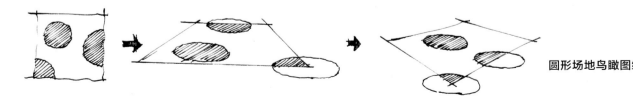

圆形场地鸟瞰图绘制方法

2.4.2 鸟瞰图绘制步骤

　　把平面设计图放在已定好的透视框中，注意水平方向要尽可能压平。然后按照一定的比例关系设定高度，让画面更有立体感。

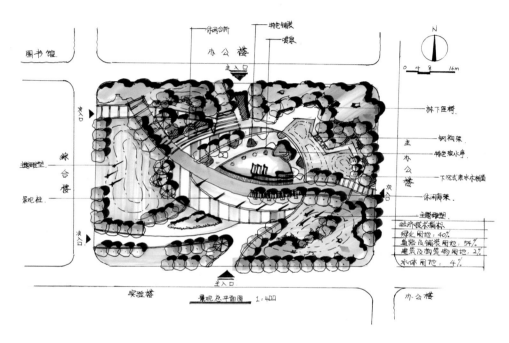

【配色参考】 马克笔 23、56、62、65、177、239、246、247、38、39、172、173、253、254、191

（1）一点透视鸟瞰图步骤

　　① 先将平面图按照预估的比例平放在透视框内。

② 添加竖向单体及植物。通过绘制植物可估算场地大小，如按照行道树高约 7m 的尺寸，绘制可作为比例参考的植物。

③ 按照路网、铺装细化、种植植物的顺序完成线稿。

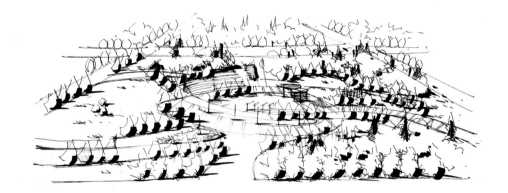

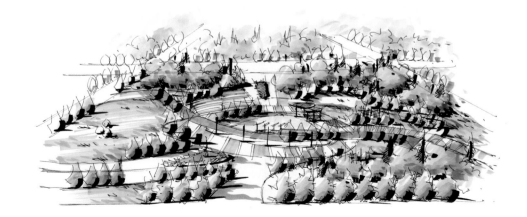

④ 鸟瞰图配色同平面图。

（2） 两点透视鸟瞰图步骤

① 先将平面图按照预估的比例大小放平在透视框内。

② 添加竖向单体及植物。通过绘制植物可估算场地大小，如按照行道树高约 7m 的尺寸，绘制可作为比例参考的植物。

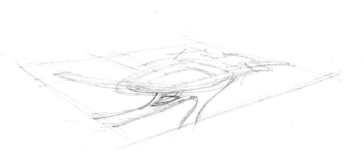

③ 按照路网、铺装细化、种植植物的顺序完成线稿。　④ 上色。

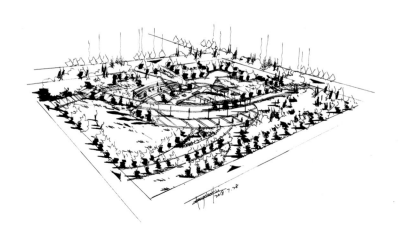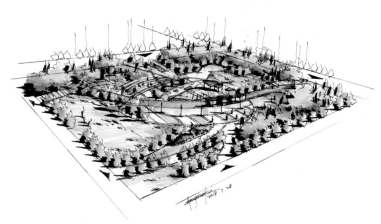

（3）案例参考

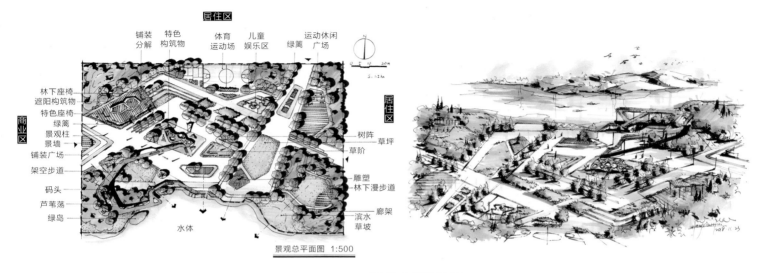

居住区

铺装分解　特色构筑物　体育运动场　儿童娱乐区　绿篱　运动休闲广场

N

0　5　10　20M
S: 1:1ha

林下座椅
遮阳构筑物
特色座椅
绿篱
景观柱
景墙
铺装广场
架空步道
码头
芦苇荡
绿岛

商业区

居住区

树阵
草坪
草阶

雕塑
林下漫步道

廊架

滨水草坡

水体

景观总平面图 1:500

一点透视鸟瞰图练习

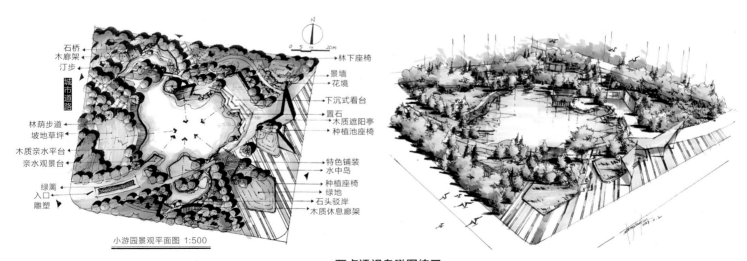

石桥
木廊架
汀步

城市道路

林荫步道
坡地草坪
木质亲水平台
亲水观景台

绿篱
入口
雕塑

N

0　5　10　20M

林下座椅

景墙
花境

下沉式看台
置石
木质遮阳亭
种植池座椅

特色铺装
水中岛
种植座椅
绿地
石头驳岸
木质休息廊架

小游园景观平面图 1:500

两点透视鸟瞰图练习

2.5 马克笔笔法及技巧讲解

作为设计手绘的主要上色工具，马克笔具有上色快捷、画面对比强烈、色彩易叠加的特点，且易于在短时间内掌握上色技法。在此提醒各位读者，这里的马克笔仅作为表达设计意图的工具，而非纯艺术类绘画范畴，故练习时不要有过多的压力，轻松学习，掌握其工具特性即可。依据个人喜好及习惯，可以自行深入探索，发掘马克笔的奇妙之处。

在此推荐一套景观基础配色，可根据个人习惯选择。

36 色				48 色		60 色		72 色	
276	65	177	57	1	168	262	30	83	199
277	191	214	58	38	85	263	86	230	96
278	246	215	84	39	136	169	109	231	97
279	247	131	106	40		241		143	
253	172	144	239	68		101		209	
254	173	125	240	70		103		112	
256	130	126	62	182		24		113	
63	4	23	2	183		26		194	
64	5	56	8	167		59		196	

马克笔配色推荐（法卡勒 1 代）

马克笔上色最突出的特点就是运笔要轻、快、稳、肯定，在分析画面之后，上色不要有丝毫的犹豫，否则画面会"糊"，即颜色过于饱和、不清透。

2.5.1 马克笔基本笔法

① 点笔触：马克笔笔头有多个切面，运笔时握笔要灵活，下笔要有弹性，从而形成多种点笔触，用于活跃画面，切忌刻意点太多的笔触。

点笔触练习

② 排线：最常用的笔法之一，运笔类似前面讲到的划线方法，将笔头完全压到纸面，快速、肯定地运笔，不需要过重地起笔和收笔，此种笔法适合用来大面积铺色。

排线练习

③ 扫笔：排线运笔的同时快速提笔，扫笔笔触较为柔和，能够一笔画出由深到浅的渐变，适合绘制过渡色等。

扫笔练习

④ 揉笔：适用于画天空、植物、阴影等，是一种更为灵活的笔触技法。

揉笔练习

⑤ 细线：转动笔头，刻意画出较细的笔触线条，通常双头马克笔只用粗头。

细线练习

2.5.2 马克笔表现技巧

结合不同的笔触类型，如排线、扫笔、点笔触等，组合出不同的搭配样式，练习马克笔的随意性、放松感。

① 单色叠加：马克笔色彩易于叠加，单支笔排线叠加 2~3 层颜色，可以画出渐变的效果。可以结合点、线等笔触，刻画更为灵活生动的画面效果。

单色叠加练习

② 同色系叠加：马克笔色彩较为丰富，通常会有几个固定的色系，同色系可以相互叠加，画出层次渐变更为丰富的画面。常见的色系有冷灰、暖灰、蓝灰、紫灰、暖绿、冷绿、蓝、木色等。可以使用同色系的不同颜色结合丰富的笔触变化，练习色块的叠加搭配。

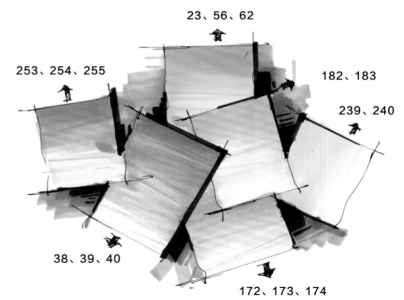

23、56、62

253、254、255

182、183

239、240

38、39、40

172、173、174

同色系叠加练习

2.5.3 几何体块上色练习

　　练习几何体块上色时，首先要判断明暗面，确定明暗交界线，亮面使用渐变式排线的方式，注意留白，暗部排线加重；注意笔触的叠加和留白，不要把画面涂满，笔触叠加可以增加画面层次感；地面投影加重，注意与背光面的明暗对比。单色系几何体块练习可以准确地训练明暗对比关系。

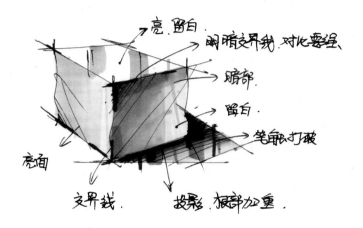

几何体块明暗对比关系

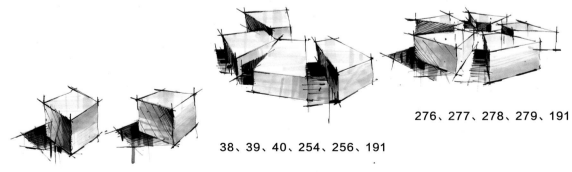

253、254、255、256、191

38、39、40、254、256、191

276、277、278、279、191

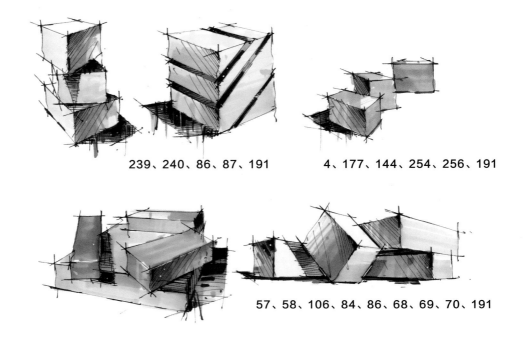

239、240、86、87、191　　　　4、177、144、254、256、191

57、58、106、84、86、68、69、70、191

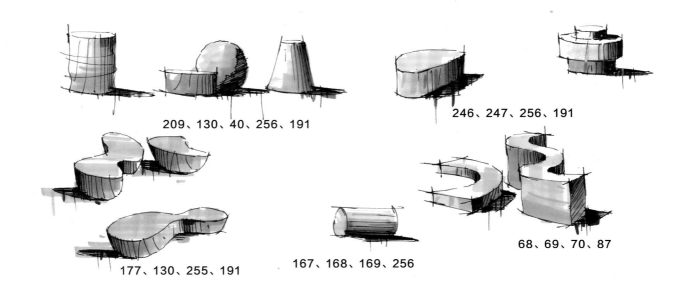

209、130、40、256、191　　　　246、247、256、191

177、130、255、191　　　167、168、169、256　　　68、69、70、87

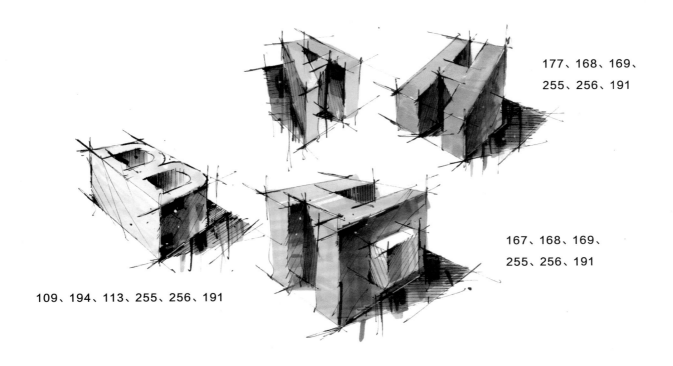

177、168、169、
255、256、191

167、168、169、
255、256、191

109、194、113、255、256、191

2.6 景观构图美感提升技巧

很多同学在画图的时候，总感觉透视正确，灭点位置也对，线条也画直了，为什么画面总看着不舒服，或者画的内容已经很多了，为什么感觉还是那么空。

这里就涉及画面构图的技巧，关系到画面的视角是否更有代入感，画面视觉冲击力是否更大，画面的层次感是否更丰富。

手绘构图往往跟我们看到的实景或图片不一样。图片大多是满构图，采用人的站立视角，而我们改绘画面时往往会做一定的艺术留白和视线的调整。

2.6.1 案例 1：森林公园内的休闲建筑

    本案例为竖构图改横构图，原图为一组竖向构图的林中木屋，画面十分饱满。改绘为横版构图时需要我们对原图做适当的取舍和调整。

    构图调整之后的画面为横向构图，四周要适当留白，使画面显得更集中。为了强调近处的木屋，可省略远处的木屋，地平线放在画面下方 1/3 处，画面重心压低，视平线略高于地平线。左下角前景的置石略抢镜，可将其调整至台阶护栏处，木质台阶及道路的形式适当做了调整和完善。高低起伏的松林勾勒灵动变化的天际线。

休闲建筑实景照片

天际线　　背景虚化处理　　四周留白

视平线

地平线
画面下方 1/3 处

前景虚化处理

构图分析

休闲建筑效果图

2.6.2 案例 2：滨水遮阳构筑物

原图地平线恰好在画面中间，我们不提倡五五分式的构图，改绘的同时需要对整个构图做出适当的调整。

构图调整之后，将画面重心压低，地平线放在画面下方 1/3 处。省略背景建筑，以高低起伏的植物取而代之，利用植物轮廓勾勒天际线。

滨水遮阳构筑物实景照片与效果图

2.6.3 案例 3：儿童活动场地

原图为一户外儿童活动场地，画面构图比较饱满，带有地形起伏，地平线在画面中心靠上的位置，也是不利于用手绘表现的构图，需要重新调整构图。

调整后的画面，把场地重点表达的内容，如地形、木亭、沙坑、滑梯等设施往画面中心靠拢；地平线放在画面下方约 1/3 处，重心压低；调整画面内容的布局比例，将沙坑压平，突出微地形部分，强调左侧框景树干。调整后画面稳重、层次丰富、主次分明。

儿童活动场地实景照片与效果图

由此，我们可以总结出构图时应该注意的规律：

① 画面四周要适当留白（具体尺寸没有硬性规定），画面会更有紧凑感和向心性；

② 人视点的效果图，地平线应控制在画面下方约 1/3 处，重心压低，视平线略高于地平线即可；

③ 画面中要注意前景、中景、远景的虚实对比，中景最为关键，前景可采用适当留白或框景的形式，远景可适当概括；

④ 远景通常会选用植物背景，利用起伏的植物轮廓线勾勒丰富变化的天际线；

⑤ 注意画面内单体的前后遮挡关系，有遮挡才有联系，画面会显得更有层次感。

2.6.4 画面构图练习

掌握以上规律之后，我们可以用铅笔起草稿的方法来训练快速地抓取画面主体、调整构图的技巧，为后期绘图提高速度打下基础。

可参考以下快速提取框架的方法来训练画面构图。

城市广场构图练习

儿童活动场地构图练习

037

小区节点构图练习

滨水空间构图练习

建筑前广场构图练习

度假酒店构图练习

中式景观构图练习

山谷景观构图练习

第3章 景观配景元素

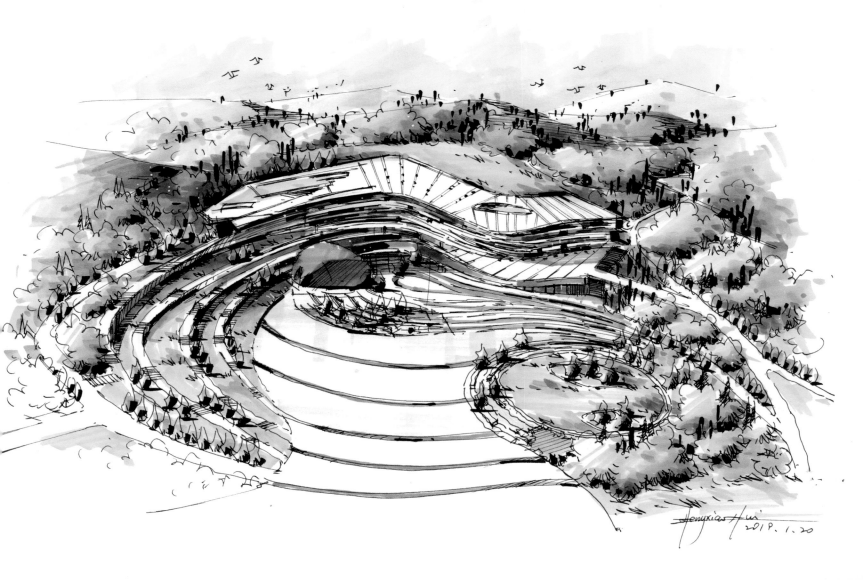

景观配景元素在景观设计手绘中十分重要，可以起到烘托气氛、丰富画面的作用。本章节重点从植物、置石、水景、人物、天空等方面分别举例示范。

3.1 景观植物分类讲解

植物作为景观手绘的配景元素，不管是从设计角度还是从表现角度来说，都占有十分重要的地位，也是同学们普遍感觉比较难表现的内容。首先，我们应该对植物的景观搭配有个大致的了解。按照植物体量分类，通常可分为地被花草、大小灌木、大小乔木等；从观赏角度来看，还可分为春季观花植物、秋季观叶植物、阔叶树和常绿树等；当然，还有一些有着特殊外形的植物，如竹子、棕榈、芭蕉、水生植物等。

在景观设计手绘表现中，通常不会刻意地去表达某种植物的品种，只会以表现植物的层次搭配为主，表达出植物高低错落的层次感即可。

3.1.1 地被花草画法

修剪后的草坪通常较为平整，可用短线的方式来表现；花草通常较为细长，可用向上快速扫线的方式来表现。

修剪后的草坪画法　　　　　　　　　　**花草的画法**

3.1.2 植物线画法

植物线通常又叫"几"字线，或者"w""m"线等，都是根据线条的形状命名的，绘制时需要表现出植物生长的张力。

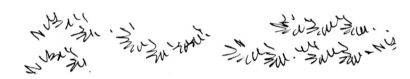

各个方向、角度的植物线

具有张力的植物线　　　　　　线条可断，但形式要连贯　　　　适合绘制远景植物的云线

错误范例：

线条方向一致　　　　　　线条太零碎，不连贯　　　　线条打圈

043

3.1.3 植物枝干画法

　　绘制植物枝干需注意，枝干分叉的方式如图示般交错生长，这样绘制出的枝干形态较为优美。主干部分需加重背光面暗部，用快速排线的方式来表现，切勿把暗部涂实。

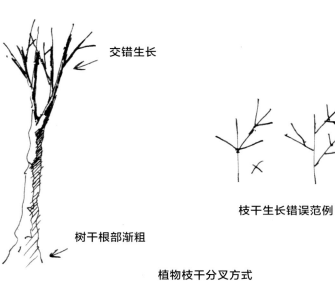

交错生长

树干根部渐粗

枝干生长错误范例

植物枝干上色方法

植物枝干分叉方式

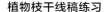

植物枝干线稿练习

3.1.4 乔灌木画法

首先把植物理解为一个简单的球体，再判断光源方向。植物单体可分为迎光面、背光面及地面投影部分，植物暗部可以用下图所示线条进行叠加表现。

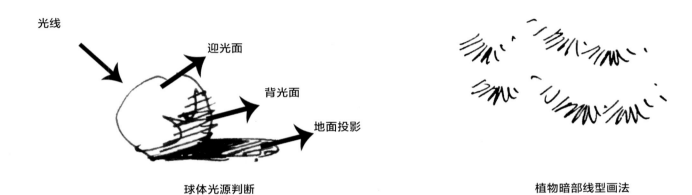

光线

迎光面

背光面

地面投影

球体光源判断

植物暗部线型画法

（1）灌木

单株灌木

修剪的绿篱

（2）乔木

单株乔木　　　　　　　　　　　　　　　　　　　　　　　背景树

3.1.5 热带植物画法

热带植物具有典型的外观特点，如棕榈树、椰子树等。

叶片画法　　　　　　　　　　　　　　　　　棕榈树、椰子树

线稿表现

马克笔表现

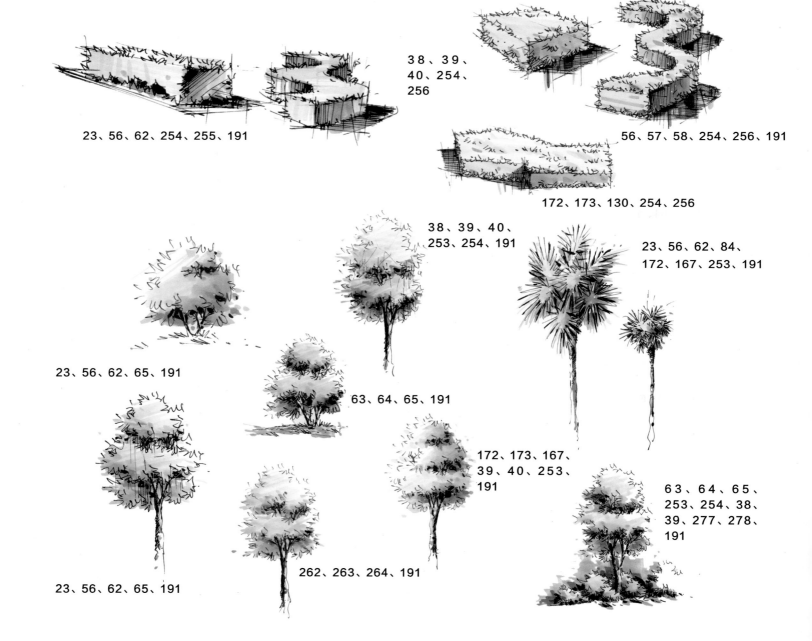

23、56、62、254、255、191

38、39、
40、254、
256

56、57、58、254、256、191

172、173、130、254、256

38、39、40、
253、254、191

23、56、62、84、
172、167、253、191

23、56、62、65、191

63、64、65、191

172、173、167、
39、40、253、
191

63、64、65、
253、254、38、
39、277、278、
191

23、56、62、65、191

262、263、264、191

172、173、174、40、191

246、247、263、264、191

1、23、56、62、172、173、167、182、183、65、
144、256、253、239

63、64、65、253、191

172、173、130、40、1、246、247、
63、64、65、252、191

177、23、56、62、65、255、239

56、57、58、106、62、177、40、256、253

23、56、62

209、131、39、40

56、62、106、84、109、125

182、183、172、173、
38、39、40、246

182、183、38、39

177、144、4、131、
38、39、182

23、56、62、131、253、254

3.2 景观置石、水景组合讲解

　　景观置石通常应用于滨水景观、碎石驳岸、自然水景等地方。形态美观的大型景观置石也可作为点景放置于场地中，如绿地内、道路旁、广场中心、水景中心等。景观置石与水景等组合的方式在中式意境的营造中应用广泛。

线稿表现

马克笔表现

23、56、62、277、279、256、182、183

56、62、276、277、278、239、191

23、56、62、65、

172、173、130、38、39、182、

183、253、85、131、191

182、183、253、254、256、239、191

38、39、40、56、57、58、239、254、191

253、254、256、23、56、62、106、191

182、253、254、255、256、191

3.3 人物和天空讲解

3.3.1 人物画法讲解

　　景观手绘效果图中的人物通常起着比例尺的作用，通过人物的高度，可以判断空间的大概尺度；人物还可以起到烘托空间氛围的作用。在表现上，不必刻画人物细节，通常会用比较简约、概括的形式，或比较概念化的表现手法。

人物比例画法

　　在绘制人视点的效果图时，注意空间中人物的头部应该处在一条水平线上。通过近大远小来表现由近到远的人物。

人物线稿练习

3.3.2 天空画法讲解

　　手绘效果图的天空通常直接用上色工具来表现，如马克笔、色粉、彩铅等，可不画线稿。直接用色彩画的天空会更清透、清新，不会喧宾夺主。天空的颜色不局限于蓝色，可以根据效果图的色调调整，但颜色一般不会用重色。

彩铅画法

彩铅表现

彩铅表现效果

色粉表现

用色粉表现天空时，可以用小刀刮下其粉末，然后涂抹开即可。也可以尝试绘制一些比较有氛围特色的效果。

色粉表现效果 1

色粉表现效果 2

色粉表现效果 3

色粉表现效果 4

马克笔表现

马克笔表现效果 1

马克笔表现效果 2

马克笔表现效果 3

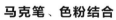

马克笔、色粉结合

马克笔、色粉表现效果

第 4 章　景观单体

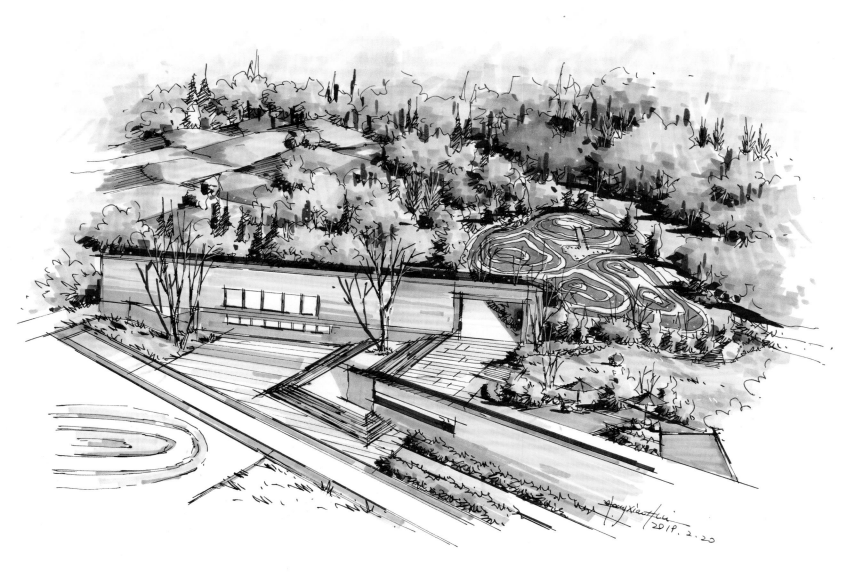

4.1 座椅

座椅在景观场地中可以供游人休息、交流，材质及形式多种多样，景观座椅还可以与景观种植池、遮阳小品、挡土墙等物体相结合，成为景观场地中必不可少的景观小品。

景观单体不像室内的桌椅那样方正，通常造型感很强，导致不是很好找透视。所以在绘制的时候，如果遇到造型比较有特点的单体，通常会先绘制一个立方体，在立方体的基础上做切割增减的变化，从而达到完成其造型的目的。以下为单体绘制步骤及示意图。

4.1.1 案例 1：规则方体的单体绘制步骤 1

① 在绘制效果图时，通常会人为地压低视平线，使画面重心降低，整个画面效果会比较稳重，透视感强。故绘制单体时，也会人为地压低视平线。

② 画出顶面的木质材质。

③ 画出暗部及地面投影。

④ 用法卡勒 167 号、168 号马克笔画出木材质，运笔要轻快，保证颜色清透、不含糊。

⑤ 继续用 253 号马克笔画出座椅的背光面，快速扫笔简单带过即可。用 254 号、256 号马克笔叠加画出地面投影，191 号黑色马克笔勾勒最重的部分，注意黑色一定要少。

4.1.2 案例 2：规则方体的单体绘制步骤 2

① 首先画一个长方体，注意视平线要压低，即顶上的面尽量画平一点。

② 画出木质座面，按照透视方向排线。

③ 画出地面投影。

④ 用 167 号、168 号马克笔画出木质面的材质感，注意颜色的深浅变化，运笔要轻快。

⑤ 用 253 号、254 号马克笔画出灰面，254 号、256 号马克笔画出地面投影，191 号黑色马克笔勾勒最重的部分，注意黑色一定要少。

4.1.3 案例 3：不规则造型草图示意

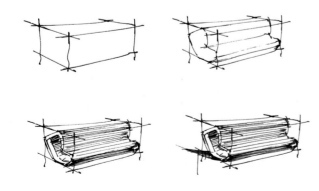

线稿表现

马克笔表现

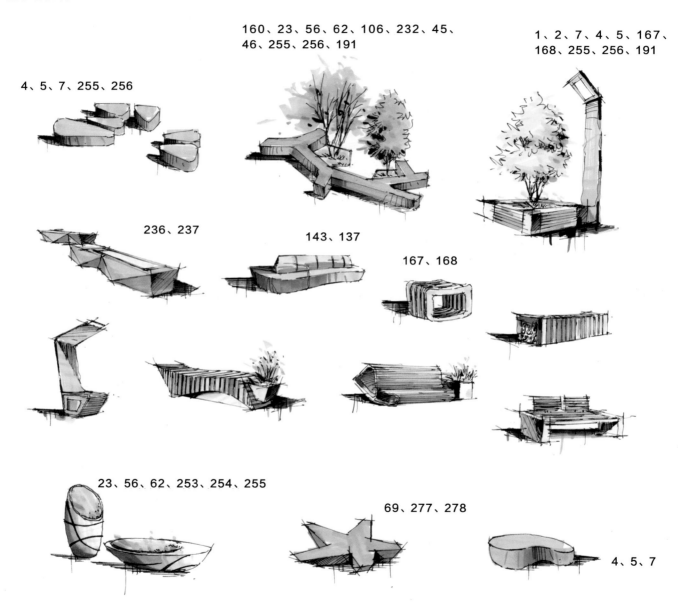

4、5、7、255、256

160、23、56、62、106、232、45、
46、255、256、191

1、2、7、4、5、167、
168、255、256、191

236、237

143、137

167、168

23、56、62、253、254、255

69、277、278

4、5、7

177、277、278、256、191

276、277、278、191

167、168、276、277、278、
172、173、191

167、168、253、254、255、
256、191

177、255、256、191

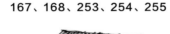

167、168、253、254、255

144、255、256、191

167、168、69、70、23、56、62、278、191

276、277、278、23、56、62、131、191

38、39、40、23、56、62、177、191

4.2 景墙

景墙形式及材质多种多样，在景观设计中常用于障景、漏景，或作为背景之用，风格不限，是景观设计中常见的景观小品。

景墙的绘制技巧同座椅，不管是规矩造型还是异形，都是先绘制一个最基础的立方体，然后逐步切割、细化，再搭配适当的植物配景，就能形成一处小景。

线稿表现

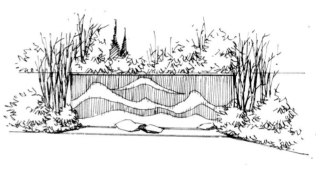

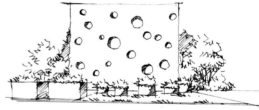

马克笔表现

253、256、23、56、62、106、239、191

168、169、23、56、62、277、278、
279、239、191

40、253、56、57、58、106、191

144、1、172、173、182、183、38、39、256、191

56、62、276、277、278、239、191

23、56、62、253、254、256、85、86、239、191

23、56、62、253、254、256、
182、183、239、191

4.3 构筑物

　　常见的景观构筑物有景观廊架、休息遮阳亭、架空步道、观景台等异形构筑物，材质通常为木结构、钢架结构等，能够为游人提供休息、交流、观景等场所。

线稿表现

马克笔表现

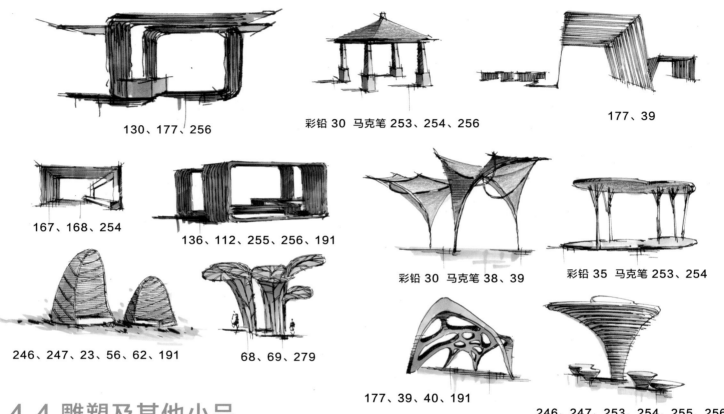

130、177、256

彩铅 30　马克笔 253、254、256

177、39

167、168、254

136、112、255、256、191

彩铅 30　马克笔 38、39

彩铅 35　马克笔 253、254

246、247、23、56、62、191

68、69、279

177、39、40、191

246、247、253、254、255、256

4.4 雕塑及其他小品

　　景观雕塑在场地中通常作为主景或地标，其形式、材质、体量大小没有硬性规定。具有一定艺术感和视觉冲击力的小品或雕塑可以点明场地设计主题，更容易增强场地记忆，给人留下深刻的印象。

线稿表现

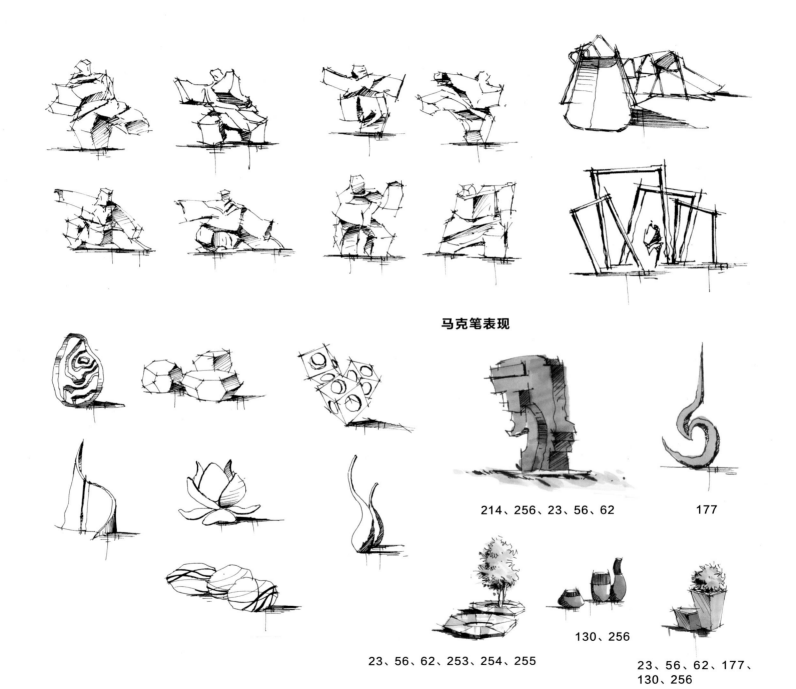

马克笔表现

214、256、23、56、62   177

23、56、62、253、254、255

130、256

23、56、62、177、
130、256

177、39、40、252

253、254、255、256、191

177、136、70、214

253、254、255

137、70、177、7、254、256

172、173、39、40、23、56、
62、65、131、276、191

4、5、7

276、277、278

215、56

276、277、278

4、5、253、254

景观场景效果图

在园林景观设计的学习过程中，方案素材的积累是个重要的环节。景观手绘不仅仅绘制风景，更多的应该是在掌握基本的手绘表达技巧之后，通过不同的设计场景的绘制，积累不同的设计元素，收集优秀的创意节点和灵感。通过对场景素材的长期收集、积累和绘制，可以为将来的工作或升学打下坚实的基础。在本章节，我们会列举几个常见的设计场景为大家进行讲解。

5.1 广场景观

5.1.1 案例 1：城市广场景观

【过程】

01

用铅笔起稿画出场景的构图。定一下场地内主体物的位置，注意画面前景、中景、远景的分配，以及植物天际线的营造。基础差一点的同学可以将铅笔稿画细一些，熟练之后按图示绘制深度起草即可。

绘制墨线。顺序应该由前往后，注意前后的遮挡关系，先画最前面的种植池，再画后面的种植池，远处的植物背景、地面铺装、单体之间有遮挡，画面内容才会显得更集中。

03

画出主体构筑物，继续完善远景植物。由于透视的近大远小，所以远景植物可以画小一点，线型更概括一些，可以搭配塔形的常绿树和树枝来丰富天际线。

04

马克笔上色。由于马克笔具有颜色叠加的特性，可以先从浅色开始上色。首先判断画面的光源方向，统一画面的明暗关系。再用23号马克笔画植物的浅色部分，迎光面适当留白。

05

用56号马克笔叠加近景植物暗部，130号马克笔绘制木质种植池，4号、177号、160号马克笔绘制构筑物，144号马克笔叠加绘制暗部，远景植物用56号马克笔画第一层颜色，要注意区分冷暖。

06

用 62 号马克笔继续叠加近景及远景植物暗部，灰色系的植物用 38 号、39 号、40 号马克笔依次叠加，用 253 号、254 号马克笔画出地面，横向快速扫笔，叠加竖向的笔触，地面建议多留白，最后用 239 号马克笔画出天空。

【场景解读】 本案例为城市广场景观设计，场景内元素包含木质种植池座椅、橘色遮阳构筑物、地面特色铺装纹样、橘色景墙等。广场设计应以大面积的铺装为主，视野开阔，尽量选择含主体构筑物或雕塑小品的场景来表现。

【配色参考】 （配色参考中补充了部分在过程中未提及的色号，仅供参考，可灵活掌握）

马克笔　23、56、62、65、38、39、40、130、253、254、256、160、4、177、239、191、144

5.1.2 案例 2：城市景观入口节点

【场景解读】 本案例为某城市景观入口节点，人工修剪绿篱、地面的特色铺装及 LOGO 小品的组合，增加了案例中
主体物的层次感；挡土景墙的大面积留白增加了画面的光影质感；植物表达要注意竖向的层次搭配，如
地被花草、灌木、乔木、常绿树等，用树冠与树枝的交错搭配增加画面的层次感。

【配色参考】 马克笔　4、177、160、144、23、56、62、65、182、183、253、254、255、256、239、191

5.1.3 案例 3：小广场景观节点

【场景解读】 本案例为小广场景观节点，中心的黄色主体物可供人休憩、乘凉，弧形座椅增加场地内的休息、交流空间，地面铺装呼应主体物的弧线造型，画面设计元素和谐统一。在场景表达上，要注意绘制弧形地面铺装时应尽量压平，点状铺装可使画面更生动活泼。

【配色参考】 马克笔　4、177、182、183、64、65、38、39、40、172、173、253、254、191

5.1.4 案例 4：城市广场节点

【场景解读】 本案例为城市广场节点，着重对红色镂空廊架进行表现，红色的散置坐凳、种植池座椅为行人提供休息、交流的空间，远处的红色花蕊状构筑物增加空间的层次感。

【配色参考】 马克笔 214、215、38、39、40、144、172、173、56、62、64、65、177、276、277、239、191

5.1.5 案例 5：校园广场局部

【场景解读】 本案例为校园广场的局部场景，台地式地形结合弧形草阶，可为学生提供晨读、交流的林下空间；台阶式的座椅也可作为观众席，满足校园临时活动的需求。

【配色参考】 马克笔 23、56、62、63、64、65、252、253、256、84、85、86、57、58、106、276、191

5.2 滨水景观

5.2.1 案例 1：滨水景观台节点

【过程】

01

用铅笔起稿画出场景的构图。画出挑空观景台的位置、道路形态和远景山体形态，将地平线控制在画面中心靠下的位置。注意画面前景、中景、远景的分配。

02

绘制墨线。顺序应该由前往后，注意前后的遮挡关系，先画出观景台，再画出滨水碎石水岸线和滨水木栈道的轮廓，注意水纹线要使用水平方向左右摆动的笔触来表现。

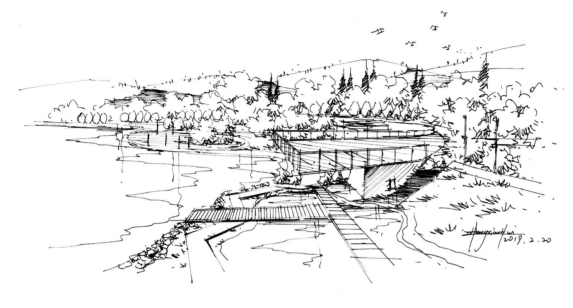

03

完善远景植物。远处的树丛可以用比较概括的云线来表现，搭配常绿树和适当的树枝来丰富天际线。然后用同样的方法画出水面波纹，大面积留白即可。

04

马克笔上色。首先确定画面的光源方向，把左侧作为迎光面，用 23 号马克笔画出前景植物和草坪，注意用马克笔侧锋叠加草坪的质感，用 56 号马克笔画出远景植物的底色。

第 5 章　景观场景效果图

05

用 56 号马克笔叠加前景植物及草坪的暗部，再用 62 号马克笔继续叠加前景和远景植物的暗部。

用 167 号、168 号马克笔绘制木栈道，63 号、64 号马克笔画出远景山体，注意明暗的对比。用 239 号马克笔横向快速扫笔画出水体，注意留白，再用竖向笔触体现水面反光质感，最后用 239 号马克笔画出天空。

【场景解读】 本案例为滨水观景台节点设计，架空的观景平台与下方的栈道形成丰富的竖向交通空间，挑空观景台为行人提供开阔的观景视野，平台下方的亲水木栈道、碎石驳岸、滨水步道，为行人提供多样的亲水休闲空间。

【配色参考】 马克笔　23、56、62、167、168、63、64、239、253、254、256、191

5.2.2 案例 2：滨水遮阳构筑物

【场景解读】 本案例为滨水遮阳构筑物设计，案例元素包含绿地微地形、水生植物、水上平桥、构筑物下的空间，以及为行人提供观景、遮阳、交流的休闲空间。

【配色参考】 马克笔　23、56、62、65、85、86、131、262、263、253、254、256、239、191

5.2.3 案例 3：人工水景节点

【场景解读】 本案例为人工水景节点，弧形水体结合大小各异的卵形汀步形成水中休息空间，挑空的叠水小品为空间注入听觉层次的体验。适用于商业空间、居住区景观、广场景观等。

【配色参考】 马克笔 125、126、23、56、62、65、182、183、85、86、253、254、276、239、191

5.2.4 案例 4：滨水景观节点

【场景解读】 本案例为某休闲公园的滨水休闲节点，图中元素有下沉式亲水台阶、条石汀步、远景草丘微地形、景墙等。亲水植物搭配无规则的汀步，营造趣味丰富的亲水体验空间。

【配色参考】 马克笔　23、56、57、106、253、254、256、63、64、130、191
　　　　　　彩铅　　20

5.2.5 案例 5：淡水鱼儿童世界

【场景解读】 本案例为淡水鱼儿童世界互动节点，用圆形木栈道圈出淡水鱼塘，在保证水体深度安全的前提下，可以为家长和孩子提供亲水娱乐、捕鱼等亲子互动空间。岸边不规则的遮阳亭为游人提供休闲空间，远处金属的鱼形雕塑再次点明主题。

【配色参考】 马克笔　172、173、214、144、253、254、56、62、63、64、65、85、86、239、191

5.2.6 案例 6：湿地景观节点 1

【场景解读】 本案例为某湿地景观节点，设有游船码头、亲水平台、湿地岛等景观节点，湿地内的建筑可以为游客提供咨询、住宿、就餐等服务。

【配色参考】 马克笔 144、246、247、56、62、63、64、65、85、86、182、183、252、253、256、131、191

5.2.7 案例 7：湿地景观节点 2

【场景解读】 本案例为湿地景观节点，交错的弧形休闲木栈道及观景台为行人提供游览观景空间，散布的湿地水泡为
场地提供蓄水空间。

【配色参考】 马克笔 63、64、65、85、246、191

彩铅 20、27

5.3 高差景观

5.3.1 案例 1：儿童娱乐空间节点

【过程】

01

用铅笔起稿画出场景的构图。先画出空间的透视和构图，再画出滑梯、远处木质台阶座椅的位置，将地平线控制在画面中心靠下的位置，注意画面前景、中景、远景的分配。

02

绘制墨线。顺序应该由前往后，注意前后的遮挡关系，画面为一点透视，长线可以借助尺子绘制，前面的滑梯作为前景可以只绘局部，再画出下沉式场地的范围及立面上的细节。

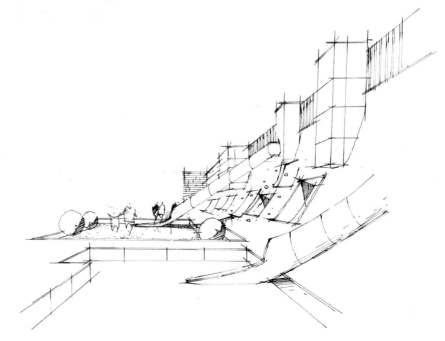

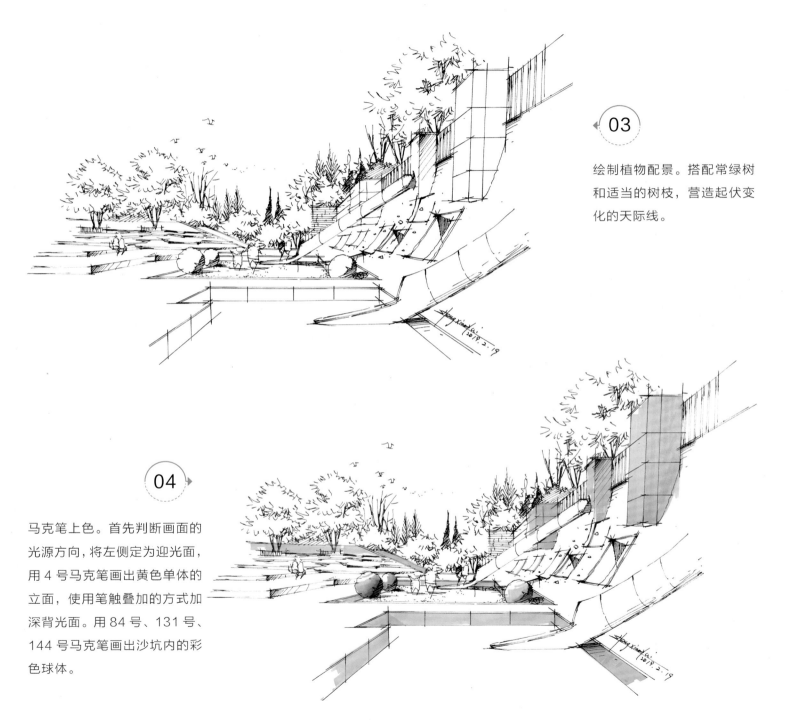

绘制植物配景。搭配常绿树和适当的树枝，营造起伏变化的天际线。

04

马克笔上色。首先判断画面的光源方向，将左侧定为迎光面，用 4 号马克笔画出黄色单体的立面，使用笔触叠加的方式加深背光面。用 84 号、131 号、144 号马克笔画出沙坑内的彩色球体。

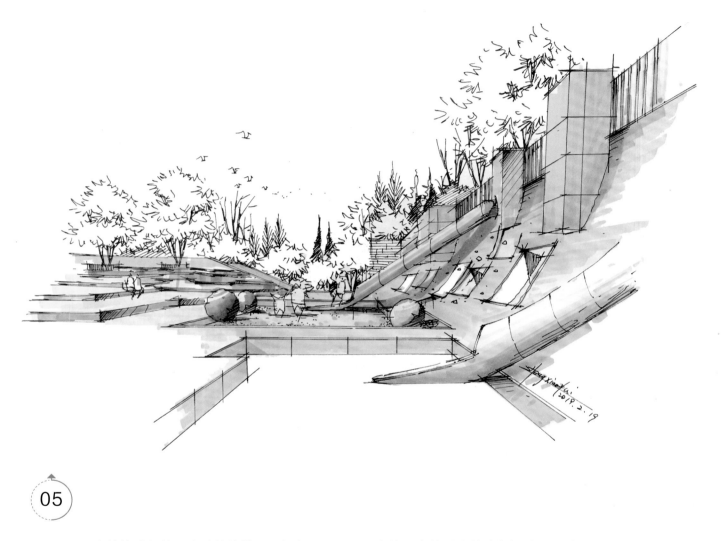

05

用 182 号马克笔快速扫笔画出沙坑的第一层颜色，183 号马克笔用点笔触的笔法增加沙坑质感，262 号、263 号马克笔画出墙体立面，滑梯投影用 263 号马克笔加重。再用 167 号、168 号马克笔画出远处的木质台阶，276 号、277 号、278 号马克笔画出滑梯的深浅层次，252 号马克笔画出地面，地面可进行留白处理。

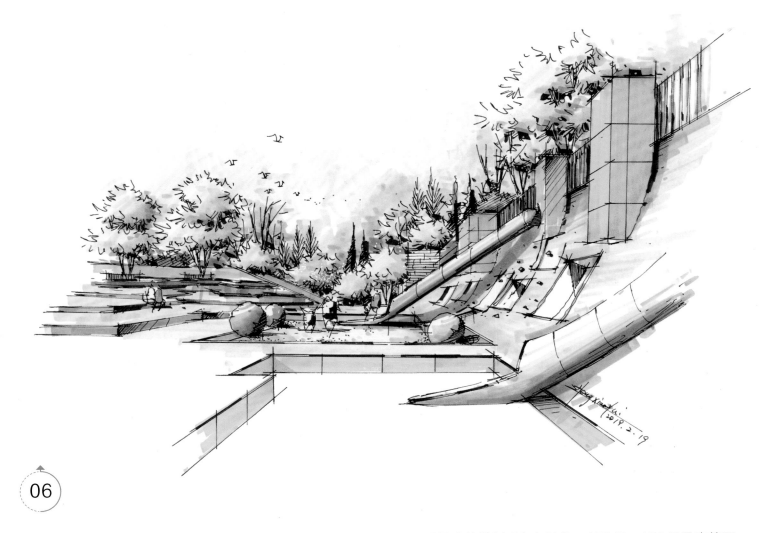

用 1 号马克笔画出黄色植物底色，烘托画面的暖色调，182 号、183 号马克笔绘制暖灰色植物，172 号、173 号马克笔画出彩叶树，38 号、39 号、131 号、252 号、253 号马克笔叠加笔触表现远景虚化植物，255 号、256 号马克笔加重画面暗部，为了强调整体的暖色调，天空可以用浅灰色来协调统一，即用 276 号马克笔绘制天空。最后用黑色加重暗部，高光笔提亮细节。

【场景解读】 本案例为儿童娱乐空间节点设计，借助右侧的高差设置不锈钢滑梯，滑梯底部为塑胶场地和沙坑，以保证安全；远处木质的台阶座椅可以为家长提供看护、休息空间；黄色主色调为画面增添活泼的气氛。

【配色参考】 马克笔 4、177、84、131、262、263、182、183、276、277、278、167、168、172、173、38、39、40、1、252、253、255、256、191、144

第 5 章 景观场景效果图

097

5.3.2 案例 2：大高差陡坎

【场景解读】 本案例为大高差陡坎，可借助大高差设计跌水景墙，台地式的台阶解决场地高差。

【配色参考】 马克笔 23、56、62、84、106、172、173、39、40、130、239、253、254、256、191

5.3.3 案例 3：下沉式空间节点

【场景解读】　本案例为下沉式空间节点，下沉式的滨水空间可营造闹中取静的场地氛围。用台阶解决场地高差，借助高差设置观景台及跌水，充分发挥高差优势塑造景观空间。

【配色参考】　马克笔　56、62、84、57、58、106、1、2、7、182、183、263、254、255、256、239、191

5.3.4 案例 4：矿坑高差节点

【**场景解读**】　本案例为某矿坑公园高差节点，借助高差设计了一条耐候钢廊道，走出廊道后，出现在眼前的一汪清水给人以豁然开朗的感觉；顺势而下的台阶逐渐接近水体，满足了游客亲水的心理需求。

【**配色参考**】　马克笔　23、56、57、58、106、130、167、168、169、85、86、253、254、256、276、277、239、191

5.3.5 案例 5：滨水高差空间节点

【场景解读】　本案例为滨水高差空间节点，画面右侧为缓坡微地形，结合地形设计曲线式台阶消化高差，下沉式台阶亲水平台满足游人的亲水需求，橘色构筑物作为空间内的视觉焦点，又为游人提供纳凉的场所。

【配色参考】　马克笔　56、62、57、58、106、84、167、168、130、144、253、254、256、276、85、191

5.4 儿童景观

5.4.1 案例 1：儿童活动节点 1

用铅笔起稿画出场景的构图。注意将地平线控制在画面中心靠下的位置，画出儿童空间的微地形及地面铺装形式，画出远景植物的层次感，注意天际线的起伏变化。

02

绘制墨线。顺序应该由前往后，注意前后层次的遮挡关系。

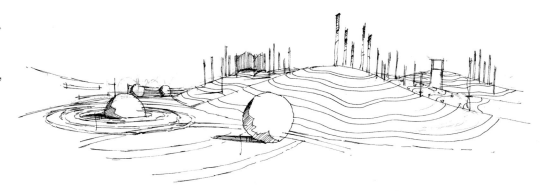

03

画出植物。按照由下往上的顺序画，先画灌木，再画乔木，注意上下的层次感，可结合树枝的形式丰富天际线。

04

马克笔上色。先判断光源为右侧，用 214 号、144 号马克笔交替画出微地形的色彩，40 号马克笔加深背光面的暗部。

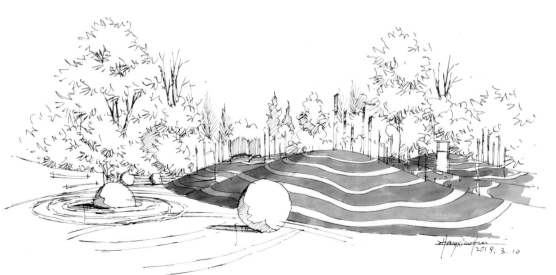

用 23 号、56 号、62 号马克笔搭配绘制靠前的植物，56 号、84 号、106 号马克笔画出远景植物。

用 172 号、173 号、39 号、40 号马克笔搭配绘制彩叶树，256 号马克笔用揉笔的方式绘制出地面投影，191 号马克笔加深暗部，239 号马克笔画出天空。最后用高光笔提亮细节，注意整个画面的留白技巧。

【场景解读】　本案例为儿童活动节点，塑胶起伏的微地形，在保证安全的同时可以为小朋友提供攀爬、奔跑的娱乐场地。

【配色参考】　马克笔　214、144、23、56、62、65、172、173、253、256、84、106、239、276、191、40、39

5.4.2 案例 2：儿童活动节点 2

【场景解读】　本案例为儿童活动节点，木屋、滑梯、沙坑、缓坡台阶等设计为儿童提供攀爬、娱乐的活动空间。

【配色参考】　马克笔　246、247、38、39、40、172、173、182、183、23、56、62、65、106、276、277、256、191

彩铅　　20

5.4.3 案例 3：儿童主题空间

【场景解读】 本案例为趣味性十足的儿童主题空间，大大小小的气球装置为该空间增添了无限童趣，顺应曲线铺装的木质座椅为看护孩子的家长提供了休息空间，曲线构图与统一的色系则进一步增强了画面视觉冲击力。

【配色参考】 马克笔　23、56、57、106、4、5、177、214、215、144、256、85、86、167、130、191
彩铅　　20

5.4.4 案例 4：公园儿童活动场地 1

【场景解读】　本案例为公园儿童活动场地，远处防护网下为观鸟乐园，为儿童提供户外科普场地。场地左侧为无动力儿童设施，如滑梯、沙坑、各种木质结构游乐设施等，为儿童提供丰富的户外活动场地。

【配色参考】　马克笔　246、247、172、125、56、62、63、64、65、253、254、256、191
　　　　　　　色粉涂抹天空

5.4.5 案例 5：公园儿童活动场地 2

【**场景解读**】 本案例为公园儿童活动场地，小怪兽主题的滑梯及爬网钻洞设施在满足趣味性的同时为空间增添了不少童趣。地面铺设塑胶材质的地铺以保证安全。

【**配色参考**】 马克笔　23、56、57、106、172、173、38、39、40、4、5、177、131、63、64、256、130、191
　　　　　　　彩铅　　20

5.4.6 案例 6：公园儿童活动场地 3

【场景解读】 本案例为公园儿童活动场地，以湖蓝色为主色调，搭配曲线形式的塑胶铺地、借助微地形的不锈钢滑梯、提供安全缓冲带的沙坑、为家长提供休息空间的遮阳亭，共同营造丰富的儿童活动空间。

【配色参考】 马克笔　23、56、62、65、246、247、68、38、39、40、253、254、255、256、239、191

5.4.7 案例 7：儿童娱乐空间

【场景解读】 本案例为儿童娱乐空间，可用于小区景观、社区公园、城市绿地等场地。人造微地形、滑梯、沙坑增加了空间的娱乐性，远景的黄色火箭形滑梯增加了空间的童趣色彩，可供儿童攀爬、娱乐。

【配色参考】 马克笔　56、62、57、58、106、84、4、5、177、130、144、70、256、182、183

　　　　　　彩铅　　20　　　蓝色色粉渲染天空

5.4.8 其他案例

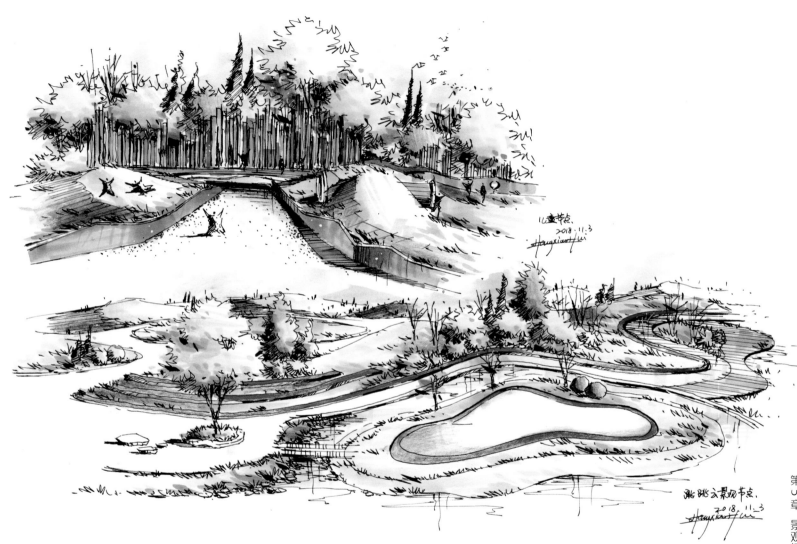

儿童节点.
2018.11.3
Hangxiaohui

眺眺云景观节点.
2018.11.3
Hangxiaohui

5.5 小区景观

5.5.1 案例 1：小区示范区节点

用铅笔起稿画出场景的构图。地平线控制在画面下方约 1/3 处，画出户外沙发和远处的异形门洞，左侧为一缓坡草坪和主题雕塑，注意画面前景、中景、远景的分配，以及植物天际线的营造。

绘制墨线。顺序由前往后，先画左侧前景灌木，注意前后遮挡关系，再画沙发组合、道路等。

03

画出右侧异形门洞后再画远景植物，运用植物的枝干丰富植物天际线。

04

马克笔上色。首先判断画面的光源方向，光源统一在右侧。用 246 号、247 号马克笔画出沙发，68 号马克笔画出沙发靠垫，后面的沙发用 253 号、254 号马克笔，再用 144 号马克笔画出门洞，注意排线要快速、肯定、整齐。

第 5 章　景观场景效果图

115

05

分别用 23 号、56 号、62 号、65 号马克笔搭配画出草坪及绿色植物组团，172 号、173 号、39 号、40 号马克笔搭配画出彩叶树，252 号、253 号、254 号马克笔画出远景植物。

06

用 125 号马克笔画出沙发处的地面铺装，255 号、256 号马克笔加深画面暗部及地面投影，239 号马克笔画出天空。注意画面中要适当留白。

【场景解读】 本案例为小区示范区某节点，场景内元素包含供人停留休息的户外沙发组合、草坡微地形、主题雕塑、异形门洞、植物组团、围合的半封闭空间等，共同营造休闲、安静的休息空间。

【配色参考】 马克笔 246、247、68、69、23、56、62、65、172、173、39、40、252、253、254、255、256、144、239、191、125

5.5.2 案例 2：新中式风格小区核心节点

【**场景解读**】 本案例为新中式风格的小区核心节点，场景内元素包含地面镜面水景、水中荷花形态小品、木质休闲廊架、弧线形地面铺装、植物组团。开放式的休闲空间可供人开展活动、休息交谈、观赏游憩。

【**配色参考**】 马克笔 56、62、65、1、2、7、278、279、131、262、130、255、256、239、191

5.5.3 案例 3：小区节点 1

【场景解读】 本案例为小区某节点，场景内元素包含树池座椅、跌水景墙、陶罐小品等。树池座椅区可供人遮阳、短暂休息，跌水景墙给游人带来听觉上的享受，在行走过程中可以有多感官的丰富体验。

【配色参考】 马克笔 23、56、62、106、58、172、173、253、254、256、239、191

5.5.4 案例 4：小区节点 2

【场景解读】 本案例为小区某节点，场景内元素包含景墙组合、叠水涌泉、雕塑小品、地面拼花铺装、植物背景等。本案例主要突出组合景墙的表现，如涌泉作为动水给游人增加听觉上的刺激，使其在行走过程中可以有多感官的丰富体验。在表现上，巧妙运用留白和背景压重的技巧强调景墙部分。

【配色参考】 马克笔 23、56、62、65、168、169、277、278、262、263、106、252、253、255、256、239、191

5.5.5 其他案例

【配色参考】 马克笔 　23、24、56、62、106、253、254、255、256、131、172、239、191

【**配色参考**】 马克笔 23、24、131、143、56、57、246、247、253、254、256、239、191

【配色参考】 马克笔　23、56、62、1、2、63、64、65、172、253、254、255、256、239、191

123

5.6 庭院及屋顶花园景观

5.6.1 案例 1：庭院景观

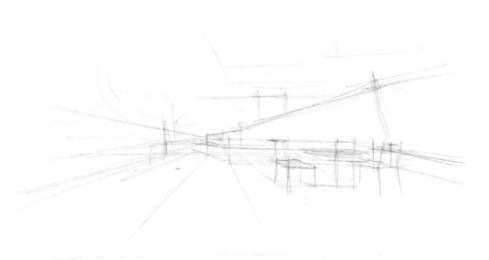

【过程】

01

用铅笔起稿。画出庭院的主要结构，以及休闲桌椅、围墙、种植池等。

02

绘制墨线。先画前面的桌椅组合，再画后面的木质座椅，按照由前往后的顺序，注意前后遮挡关系。

画完主体物后再画植物，也是遵循由前往后的顺序，注意背景植物的高低搭配，营造丰富的天际线。设定右侧有光源，绘制单体时应注意在背光面增加排线密度来体现光影关系。

04

马克笔上色。由浅色开始，用167号、168号马克笔绘制木材质，如木地板、木质座椅种植池，白色椅子可以用253号画出暗面。再用130号马克笔画围墙，23号、56号、62号马克笔搭配绘制绿色植物，1号、2号、7号马克笔绘制黄色植物，56号、62号马克笔绘制冷色调背景植物，277号马克笔绘制挡土墙。

第 5 章　景观场景效果图

05

用 106 号、65 号、256 号马克笔加重植物暗部，需注意叠加重色的面积一定要小，否则画面会显脏。再用 68 号、70 号马克笔绘制水面，256 号、191 号马克笔压重暗部，169 号马克笔叠加木材质暗部，239 号马克笔画出天空，最后用高光笔提亮细节。

【场景解读】 本案例为某庭院景观，场景内元素包含人工浅水池、休闲户外桌椅、木质座椅种植池、户外防腐木地板、挡土墙、围墙、植物搭配、户外花瓶等，营造安静、优雅的庭院景观，可满足家人朋友聚会、用餐、交流等需求。

【配色参考】 马克笔　1、2、7、23、56、57、62、106、130、167、168、169、253、254、256、68、70、277、278、239、191、65

5.6.2 案例 2：屋顶花园节点

【场景解读】　本案例为某休闲餐厅的户外屋顶花园空间，休闲吧台及座椅为客人提供多选择的休息交流空间；散铺石子与碎拼地铺起到划分空间的作用；多种结构形态的种植池在丰富空间层次的同时又可作为不同座位之间的隔断。

【配色参考】　马克笔　144、23、56、57、106、276、277、253、254、256、239、83、191

5.7 中式景观

5.7.1 案例 1：中式滨水景观局部

【过程】

01

用铅笔起稿画出场景的构图。四角挑檐亭位于场地内的最高点，配景为叠水瀑布、水景、石头驳岸，前景为木平台。

02

绘制墨线。按照由前往后的顺序，先画出前面的木平台及护栏座椅，再画左侧植物，注意植物的高低搭配，然后画出远处的石头驳岸。

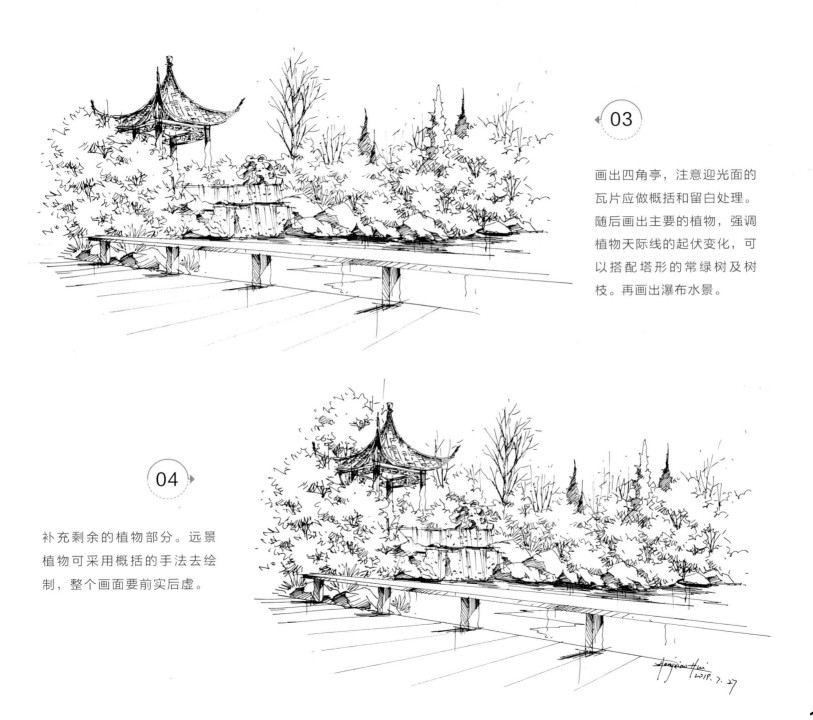

03

画出四角亭，注意迎光面的
瓦片应做概括和留白处理。
随后画出主要的植物，强调
植物天际线的起伏变化，可
以搭配塔形的常绿树及树
枝。再画出瀑布水景。

04

补充剩余的植物部分。远景
植物可采用概括的手法去绘
制，整个画面要前实后虚。

第 5 章　景观场景效果图

马克笔步骤。由浅色开始，用56号、62号马克笔绘制绿色系植物，设定光源为右侧。

06

用57号、58号、106号马克笔加重植物的暗部，注意在背光面着重叠加笔触，面积一定要小，以保证画面的通透性，黄色植物用1号、2号马克笔叠加，远处的灰色系植物用63号、64号马克笔。

 07

左侧远景树用灰色系 253 号、254 号马克笔，来烘托中式景观如水墨画般淡雅的风格。然后用 256 号、191 号马克笔继续加重暗部，276 号、277 号、278 号马克笔绘制石头，注意迎光面的留白和暗部的加重。

08

用 56 号、62 号马克笔绘制水体，水体颜色偏向环境色，可横向快速扫笔，叠加竖向笔触体现水面倒影，局部叠加 85 号马克笔的颜色。近处木质栏杆座椅用 130 号马克笔，前景留白。用 38 号、39 号、40 号马克笔分别画出亭子顶部的明暗关系，柱子用 130 号马克笔。用留白的手法绘制叠水，加重的手法表现石头。前景地面投影用 253 号马克笔侧笔揉笔来表现，再用 191 号马克笔逐步加重暗部，增加画面对比度，天空使用 276 号马克笔。最后用高光笔适当提亮暗部，画一下树枝及反射点。

【场景解读】 本案例为中式滨水景观局部，场景内元素包含四角挑檐亭、滨水石头驳岸、近景木质平台及栏杆座椅、远景植物背景。场景运用植物、石头、水体等自然元素的组合，塑造安静、优雅的中式游憩空间。

【配色参考】 马克笔 56、62、57、58、106、1、2、276、277、278、279、253、254、256、130、38、39、40、191、63、64、85

5.7.2 案例 2：新中式景观节点 1

【场景解读】　本案例为新中式景观节点，场景内元素包含中式景观置石、下沉式滨水木平台、人工浅水池、种植池、镂空景墙、木质格栅、建筑主入口等。

【配色参考】　马克笔　172、173、246、247、23、56、276、277、278、262、263、63、64、65、253、254、
255、256、191

色粉涂抹天空

133

5.7.3 案例 3：新中式景观节点 2

【场景解读】 本案例为新中式景观节点，场景内元素包含镂空景墙、涌泉、散置鹅卵石、竹林、种植池等。适用于庭院、售楼处、小区等空间。

【配色参考】 马克笔　172、173、246、247、262、263、63、64、65、253、254、255、256、191

色粉涂抹天空

5.7.4 案例 4：新中式景观节点 3

【场景解读】 本案例为新中式景观节点，可用于小区、示范区等场景，场景内元素包含镂空中式景墙、人工浅水池、水中汀步等，营造清静、高雅的环境氛围，石凳组合可供游人休息、交流、观景。

【配色参考】 马克笔　23、56、57、58、62、65、106、130、69、85、86、87、254、256、239、191

5.7.5 案例 5：新中式风格小游园

【**场景解读**】 本案例为新中式风格的小游园，场景内元素包含自然式水系、景观置石、石头驳岸、假山、缓坡草坪、滨水观景亭廊等。假山作为场地内的最高点，设置观景亭，以营造开阔的观景视线；草地、密林等多种形式的植物组合搭配可以营造丰富的游览观景体验。

【**配色参考**】 马克笔　56、62、65、106、246、247、253、254、256、182、85、86、63、64、191

5.7.6 案例 6：新中式休闲步道节点

【**场景解读**】　本案例为某新中式休闲步道节点，道路两侧可供人停留休息，圆洞门体现中式意境，林荫铺道营造安静、
清雅的散步空间。

【**配色参考**】　马克笔　23、56、57、58、106、144、253、254、256、191
彩铅　　20

137

5.8 景观建筑

5.8.1 案例 1：森林公园内的休闲建筑 1

【过程】

用铅笔起稿画出场景主要内容。地平线控制在画面下方约 1/3 处，画出主体建筑，用远景植物勾勒天际线。

绘制墨线。按照由前往后的顺序，先画出建筑部分，再画台阶、扶手和挑空平台。

绘制植物。按照由前往后的顺序，注意前后的遮挡关系，背景植物要高低错落，具有起伏变化，以营造自然的天际线，远景可以画飞鸟作点缀。

04

马克笔上色。由浅色开始，用 56 号、62 号马克笔绘制草地及绿色系植物，设定光源为右侧。

第 5 章　景观场景效果图

05

用 246 号、247 号马克笔画木质地板，172 号、173 号马克笔画彩叶树。

用 106 号、56 号、84 号马克笔叠加绘制远景深色植物，39 号、40 号马克笔叠加彩叶树暗部，276 号、277 号、278 号马克笔画出石头，注意迎光面的留白。借助光源可以用 254 号马克笔画出地面投影，再用 276 号马克笔画出灰色系背景植物，191 号黑色马克笔加深暗部，高光笔提亮细节。

【场景解读】 本案例为森林公园内的休闲建筑，可用于休闲咖啡厅、餐厅或度假酒店等，场景内元素包含木质台阶、玻璃护栏、室外木质平台等，为游人提供休闲、交流的场所。

【配色参考】 马克笔 56、62、65、246、247、39、40、172、173、106、85、86、253、254、276、191、84、277、278

5.8.2 案例 2：森林公园内的休闲建筑 2

【**场景解读**】 本案例同样为森林公园内的休闲建筑，可用于休闲咖啡厅、餐厅或度假酒店等，场景内元素包含木质台阶、玻璃护栏、室外木质平台等，为游人提供休闲、交流的场所。

【**配色参考**】 马克笔　23、56、62、65、172、173、130、246、247、39、40、131、83、85、86、253、254、255、256、239、191

5.8.3 案例 3：休闲景观建筑

【场景解读】 本案例为某休闲建筑景观，木材与白色墙体为主要构成元素，风格简约大方，可作为休闲餐厅、中式茶室、民宿等。

【配色参考】 马克笔　23、56、62、65、167、168、169、253、254、255、256、85、239、191

143

5.8.4 案例4：热带森林树屋建筑组合

【场景解读】 本案例为某热带森林树屋建筑组合，高低错落的木质吊脚楼掩映在茂盛的植物丛中，风景独好，可作为度假酒店客房、主题餐厅等。

【配色参考】 马克笔 23、56、57、58、62、65、84、85、112、167、168、169、256、191

5.8.5 其他案例

【配色参考】 马克笔　172、173、246、247、262、263、38、39、40、253、254、256、191

景观设计思维手绘表现

【配色参考】 马克笔 246、144、130、63、64、38、39、40、252、253、254、255、256、191

【配色参考】　马克笔　23、56、62、57、58、106、85、276、277、278、279、253、254、256、191

浅灰色彩铅绘制天空

【配色参考】 马克笔　23、56、57、106、1、167、168、144、253、254、256、85、86、63、64、191

浅灰色彩铅绘制天空

5.9 景观鸟瞰图

5.9.1 案例 1：异形建筑景观局部

【过程】

01

用铅笔起稿。画出建筑的轮廓及景观布局草图。

02

上墨线。先把场地整体的轮廓线画出来，由前往后画植物部分，设定左侧为主光源方向。

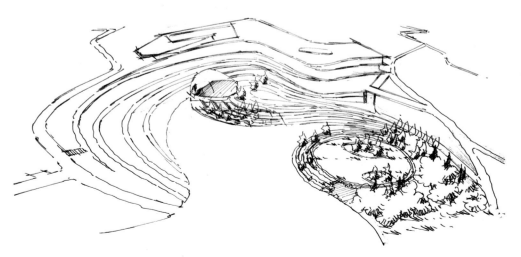

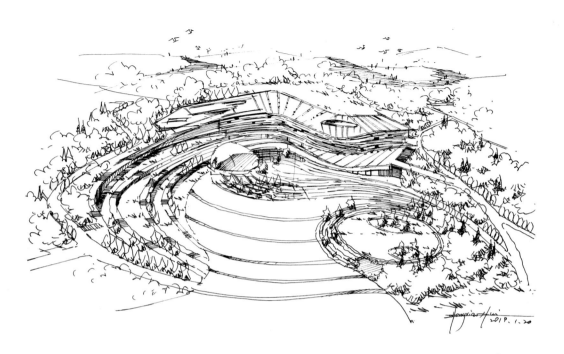

03

继续完善植物部分。远景植物可用云线概括，注意前实后虚。

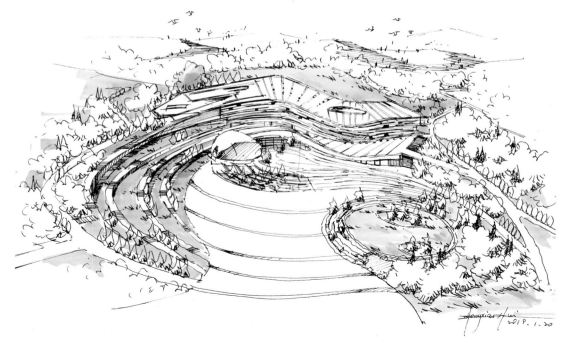

04

马克笔上色。先画浅色，用23号马克笔画出草坪颜色，注意笔触的叠加，尽量增加颜色的层次感。

05

用 56 号、62 号马克笔依次叠加植物暗部，远景植物用 56 号马克笔铺底色，注意区分前后颜色的冷暖对比。用 64 号、65 号马克笔画出远景山体。

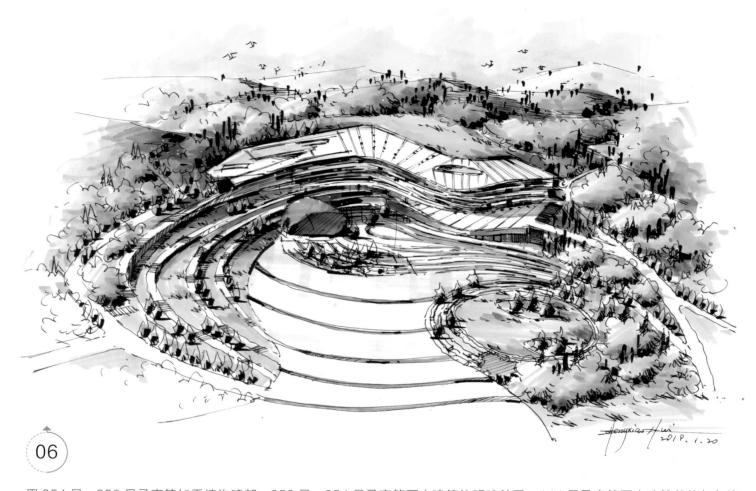

06

用 254 号、256 号马克笔加重植物暗部，253 号、254 号马克笔画出建筑的明暗关系，144 号马克笔画出建筑前的红色构筑物，239 号马克笔画出天空，276 号马克笔渲染远景，191 号黑色马克笔加重细节暗部，最后用高光笔提亮细节。铺装及建筑主要以留白为主，强调画面的对比。

【场景解读】 这是一个建筑与景观结合较好的案例，异形的建筑与弧线形的景观布局和谐统一、融为一体，画面整体性比较强。下沉式的广场和台地式的草坪绿化增加了竖向上的层次感。

【配色参考】 马克笔 23、56、62、63、64、65、144、253、254、255、256、239、191

5.9.2 案例 2：山体度假酒店

【场景解读】　本案例为某山体度假酒店，植物掩映的建筑群、清晰的游览轴线使画面和谐、统一，中心活动广场、木平台和人工水池增加了空间的娱乐性。

【配色参考】　马克笔　23、56、62、63、64、65、85、86、130、253、254、255、256、276、239、191

5.9.3 案例 3：景观入口节点

【**场景解读**】　本案例为某景观入口节点，入口用台阶消化高差，不规则的景墙设计、户外遮阳伞、座椅和丘陵式儿童活动空间共同组成功能丰富的入口空间。

【**配色参考**】　马克笔　167、168、144、214、130、172、173、39、40、125、126、56、62、65、106、84、276、277、278、191

5.9.4 案例4：滨水公园局部

【场景解读】　本案例为某滨水公园的局部，画面采用曲线式构图，使整体看起来和谐统一。场景内元素包含曲线道路、橘色运动跑道、人工水景、草阶、阳光草坪、滨水广场、溪流等，空间内容丰富、功能多样，可满足游人的多种活动需求。

【配色参考】　马克笔　144、23、56、62、65、85、86、253、254、256、276、191

5.9.5 案例 5：城市绿地节点

【场景解读】 本案例为某城市绿地节点，场地内的人造微地形起伏变化，给空间增添了趣味性，橘色耐候板材质的莫比斯环状楼梯作为场地的核心构筑物，可供人们登高观景。

【配色参考】 马克笔　23、56、62、63、64、65、85、86、177、160、39、40、253、254、239、191

5.9.6 案例 6：小游园景观

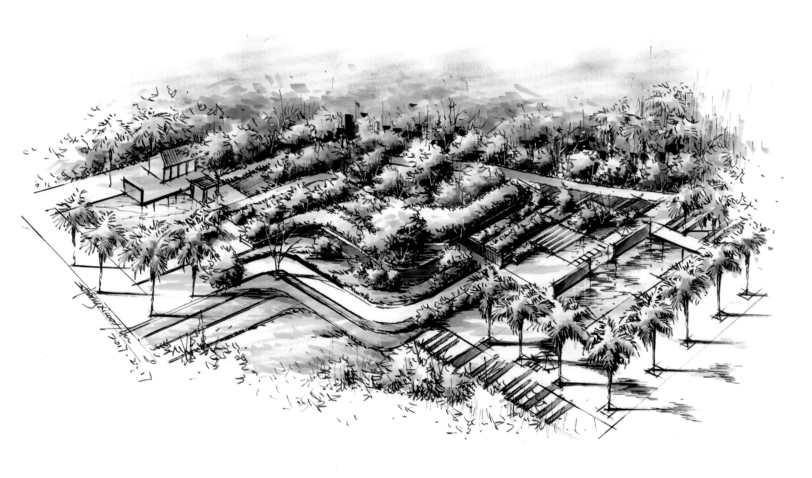

【场景解读】　本案例为某小游园景观，场景内元素包含滨水景墙、人工水池、台地花坛、草阶、种植池等。为游人提供休闲观景、游览休憩的户外空间。

【配色参考】　马克笔　23、56、62、172、173、63、64、65、252、253、254、255、256、239、191

色粉涂抹远景及天空

157

5.9.7 案例 7：儿童公园节点

【**场景解读**】 本案例为某儿童公园节点，场景内元素包含滨水码头、滨水广场、特色构筑物、滑梯、沙坑、种植池、草坪等。
水滴状构筑物给游人提供休息场所，滑梯和沙坑为家长和孩子提供互动、娱乐的场所。

【**配色参考**】 马克笔 56、62、65、58、106、24、177、130、131、172、173、85、86、182、183、276、191

5.9.8 案例 8：山地公园高差节点

【场景解读】 本案例为某山地公园高差节点，在用台地花园、架空观景台、台阶步道等设施解决高差的同时，塑造体验感丰富的山地景观空间。

【配色参考】 马克笔　56、57、58、106、109、85、86、239、130、256、38、39、125、126、191
　　　　　　　浅灰色彩铅绘制天空

159

5.9.9 案例 9：滨水公园节点

【**场景解读**】 本案例为某滨水公园节点，环绕核心草坪的弧线健康步道、可供人休息的休闲草阶与特色遮阳构筑物组
合形成现代感强烈的景观。

【**配色参考**】 马克笔　　23、56、57、106、214、253、254、256、239、191

　　　　　　　彩铅　　　20

5.9.10 其他案例

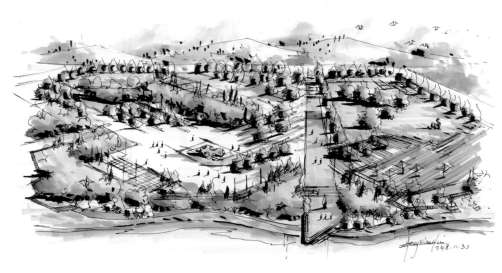

【配色参考】

马克笔　23、56、62、65、130、177、
246、247、63、64、253、
254、276、191

【配色参考】

马克笔　182、183、1、2、8、246、
247、172、173、38、39、
40、144、253、254、256、
85、191

灰色彩铅绘制天空

【配色参考】

马克笔　23、56、62、63、64、130、
　　　　177、253、254、256、239、
　　　　38、39、191

【配色参考】

马克笔　1、172、173、
　　　　246、247、38、
　　　　39、40、252、
　　　　253、254、255、
　　　　256、262、263、
　　　　63、64、65、
　　　　131、109、191

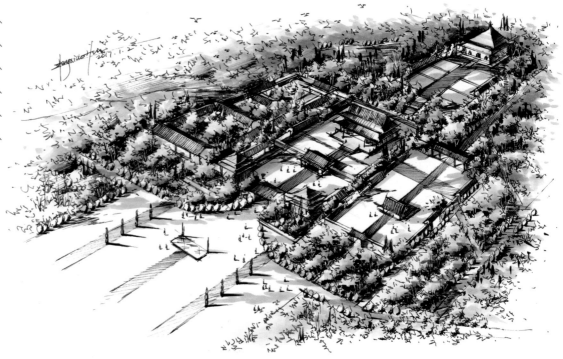

5.10 景观平面图

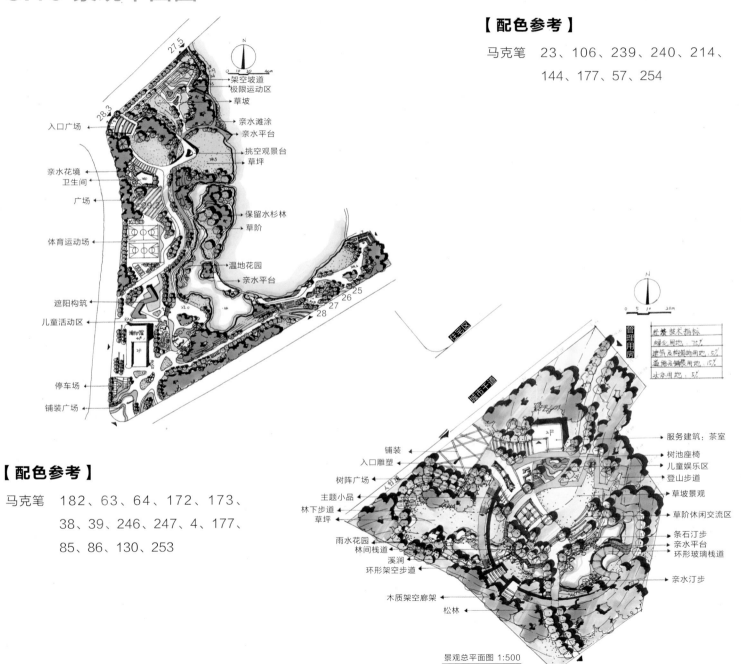

【配色参考】

马克笔 23、106、239、240、214、
144、177、57、254

架空坡道
极限运动区
草坡

亲水滩涂
亲水平台

挑空观景台
草坪

入口广场

亲水花境
卫生间

广场

体育运动场

保留水杉林
草阶

遮阳构筑

儿童活动区

温地花园
亲水平台

停车场

铺装广场

【配色参考】

马克笔 182、63、64、172、173、
38、39、246、247、4、177、
85、86、130、253

服务建筑：茶室

树池座椅
儿童娱乐区
登山步道

草坡景观

草阶休闲交流区

条石汀步
亲水平台
环形玻璃栈道

亲水汀步

铺装

入口雕塑

树阵广场

主题小品

林下步道
草坪

雨水花园
林间栈道

溪涧

环形架空步道

木质架空廊架

松林

景观总平面图 1:500

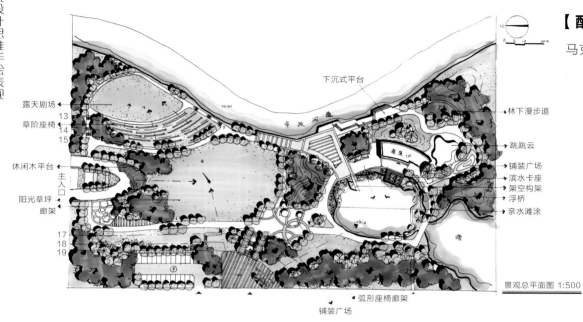

【配色参考】

马克笔　56、58、109、232、85、86、277、39

露天剧场
草阶座椅
13
14
15

休闲木平台
主入口

阳光草坪
廊架

17
18
19

下沉式平台

林下漫步道

跳跳云

铺装广场
滨水卡座
架空构架
浮桥
亲水滩涂

弧形座椅廊架

铺装广场

景观总平面图 1:500

【配色参考】

马克笔　23、58、51、52、2、144、167、130、38、239、240

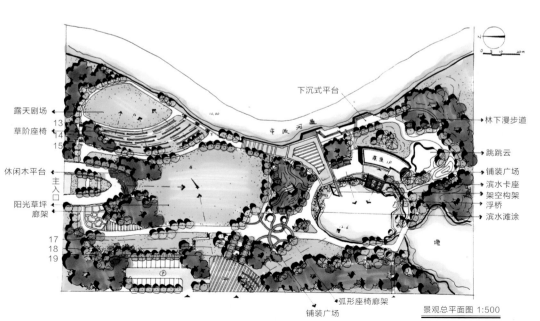

露天剧场
草阶座椅
13
14
15

休闲木平台
主入口

阳光草坪
廊架

17
18
19

下沉式平台

林下漫步道

跳跳云

铺装广场
滨水卡座
架空构架
浮桥
滨水滩涂

弧形座椅廊架

铺装广场

景观总平面图 1:500

景观方案节点思维表达

经过前面 5 个章节的讲解和练习之后，大家应该对于景观手绘常用的技法有了一定的了解。除了大量的临摹练习，我们还应该尝试把手绘融入平时的景观设计学习当中，让手绘成为我们记录和表达思维的工具，而不是仅仅停留在手绘效果图的层次。

本章节会为大家分享部分景观效果图的案例，涵盖各种有意思的创意小空间，在帮助大家积累设计灵感的同时，更方便同学们查阅、参考。

6.1 草图灵感速涂记录

手绘草图的灵感记录，可以是景观平面图式的，也可以是效果图式的；可以是偶然看到的某个有意思的节点，也可以是某个跟设计相关的元素等。在这里，我们不用把手绘限定到某个单一的范围内，也不必追求细腻、生动的画面效果，手绘是自由的、有生命力的、快速的，达到我们的目的即可。

【 场景解读 】

同样是山地地形，面对高差及地表都极其复杂的现状，该如何设置我们的道路。悬挑架空的步道及观景台就是个不错的选择，步道穿梭于山地间，搭配植物围合空间，让游人时而身处林荫下，时而视野开阔。

【 配色参考 】

马克笔　56、62、63、64、
　　　　177、4、276、
　　　　277、278、38、
　　　　39、191

彩铅　　20、27

【场景解读】　**上图：**借助现有的地形坡度，做成不锈钢滑道，使其成为一个大人孩子都喜欢参与的项目。

　　　　　　　下图：架空的橘红色步道可以横跨在复杂的山地之间，在增强游客行走体验的同时，使其在不同的空间高度观赏到不同的风景。

【配色参考】　**上图：**马克笔　23、56、62、63、64、253、191

　　　　　　　下图：马克笔　172、173、252、253、214、144、191　　彩铅　20、27

167

【场景解读】 上图：本案例为户外剧场，搭配小型遮阳棚形成小尺度的户外聚集场地。

下图：利用自然地形的起伏变化和现有的缓坡打造户外剧场，可以满足节假日的临时活动，也可以让游人在冬日的户外边享受阳光边与友人交谈。

【配色参考】 上图：彩铅　20、27、5

下图：马克笔　56、63、64、65、167、168、276、191　　彩铅　31

【场景解读】 **上图：**整体画面用暖色调表现，构成偏自然野趣的滨水节点，场地内包含亲水步道、缓坡草坪，以及开阔的滨水景观。

下图：本案例为松果主题的儿童活动节点，将松果形象夸张放大，使其成为小朋友可以进入的木屋；可攀爬的木质斜坡，在保证安全的前提下，可以让孩子得到更多的锻炼。

【配色参考】 **上图：**马克笔　246、247、172、173、130、168、169、38、39、63、64、65、276、191

色粉涂抹天空

下图：马克笔　246、247、130、63、64、65、276、160、191　　色粉涂抹天空

【场景解读】 **上图**：用人造草坪地形结合亮眼的黄色构筑物，打造现代感极强、简约大气的空间。

下图：本案例可以作为户外滑板场或极限运动区。场地中的人造地形采用橘色线性装饰打造充满活力的户外运动场地。

【配色参考】 **上图**：马克笔 4、177、130、56、62、63、64、65、253、254、191 彩铅 20

下图：马克笔 276、277、278、160、56、62、38、39、40、191

【场景解读】 以上为两个儿童区节点，适用于小区景观或城市绿地广场，将可爱的蜜蜂、木马等动物元素融入场景中，
　　　　　　为空间增添一丝童趣。

【配色参考】 **上图：** 马克笔　4、172、173、239、23、56、62、38、39、40、177、191

　　　　　　下图： 马克笔　1、2、7、167、168、246、247、130、23、56、62、57、253、254、38、
　　　　　　239、177、191、172、173

【**场景解读**】　**上图：**台阶式的高差处理，木质与石材的组合铺装，避免了单调的铺装样式。道路两旁丛生的花草与高低错落的植物种植，共同营造自然的休闲步道。

　　下图：本案例为体量比较大的下沉式儿童空间，借助斜坡的高差设置多个滑梯，开阔的沙坑为孩子们提供安全的游乐场地。

【**配色参考**】　**上图：**马克笔　23、1、2、7、182、183、246、247、253、254、256、262、263、191

　　下图：马克笔　23、24、26、177、125、276、277、278、279、172、173、130、63、64、65、239、191

【场景解读】 **左上**：本案例借鉴电影《指环王》中霍比特人居住的小屋，借助坡地将其放在儿童活动场地中，未尝不是一个很有意思的尝试。

右上：本案例为穿梭在林间的不锈钢滑道，在场地范围允许的前提下，可以加长滑道的长度，增强体验感的同时，也是一个快速通道，既实用又有趣。

下图：居住区或校园场地内均可使用，不规则多边形造型的景墙、橘黄色弧形单杠，结合橘黄色的弧形地面铺装，形成主题明确的休闲运动空间。

【配色参考】 **左上**：马克笔　56、57、58、59、63、64、65、167、168、38、39、40、239、191

右上：马克笔　56、57、58、84、85、278、256、191

下图：马克笔　4、177、23、56、62、57、58、182、252、253、191

【场景解读】　**左上：** 将右侧台阶抬高，结合微地形解决场地高差，左侧则用景墙结合遮阳棚的形式。

　　　　　　　　左下： 借助地形设置的台阶式座椅，可供人们休憩、交流。

　　　　　　　　右图： 结合台阶、立杆、绳索形成一个儿童运动探险斜坡。

【配色参考】　**左上：** 马克笔　144、253、254、255、256、23、56、62、63、239、191

　　　　　　　　左下： 马克笔　23、56、62、214、253、256、63、65、276、239、191

　　　　　　　　右图： 马克笔　246、247、256、277、278、279、56、62、57、58、252、191

【场景解读】 **上图**：广场中心设置了条形的红色座椅，既满足功能，又有一定的地标性，整个场地看起来简约而现代。

下图：本案例采用矿坑的设计形式，沿着岩石立面设置斜坡步道，在场地的最高点设置观景台。行走其中，可以近距离地触摸岩石崖壁，在增强场地记忆的同时可增加行人的触感体验。

【配色参考】 **上图**：马克笔 214、144、130、1、246、247、63、64、65、182、183、253、254、276、38、191

下图：马克笔 277、278、279、239、240、85、56、62、57、58、191

【场景解读】　本案例为城市中心广场节点，亮眼的大型橘黄色钢架结构为场地增添一分活力，木质台阶可提供交流、休憩的空间。

【配色参考】　马克笔　4、5、177、36、39、23、56、62、168、252、253、239、191

【场景解读】 本案例为某山地景观节点，木质挑空观景台为游人提供了视野开阔的眺望空间，台阶掩映在树荫下，营造了安静、休闲的漫步空间。

【配色参考】 马克笔 1、2、8、172、173、130、182、183、253、254、256、191

色粉涂抹天空，浅灰色彩铅搭配

177

【场景解读】　本案例为遮阳廊桥，适合放置在有高差或水流的场地，具有观景、通行的功能。

【配色参考】　马克笔　182、183、23、56、62、57、58、106、85、86、87、239、253、254、256、262、
263、191

【场景解读】 本案例为城市绿地景观小场景，包含草地小品、造型座椅、遮阳廊架等设施，可供人休闲、休息。

【配色参考】 马克笔 177、169、172、173、38、39、40、23、56、62、57、58、253、254、239、191

攀岩·高差外坪.

【场景解读】　本案例为体育运动场地，可借助高差设置攀岩墙，顶部设置运动草坪，满足人们的运动需求。

【配色参考】　马克笔　177、56、62、63、64、252、253、191　彩铅　20

【**场景解读**】　本案例为弧形木质景观节点构筑物，场地内设置弧形木质构架，具有视觉冲击力和地标性。也可结合一定的面层处理，如浮雕、刻字等形成具有纪念意义的节点。

【**配色参考**】　马克笔　168、169、56、62、63、64、276、191　　色粉涂抹过渡

【**场景解读**】 本案例为某城市街心公园局部景观，跌水构架作为场地核心成为公园亮点。主场景结合局部草图示意的表达手法可从多角度描述空间功能，也是值得借鉴的积累案例的手法之一。

【**配色参考**】 马克笔　23、56、57、106、144、253、254、256、191
　　　　　　　彩铅　　20

【场景解读】　**上图：**本案例为儿童活动空间节点，起伏的地形、蹦床，使空间充满活力和童趣。

　　　　　　　下图：本案例为红色架空步道，远处的观景塔构成场地内丰富的竖向立体交通和观景体验，适用于大场地公园。

【配色参考】　**上图：**马克笔　144、253、254、255、177、130、182、183、38、39、40、63、64、276、62、106、191

　　　　　　　下图：马克笔　214、144、167、168、56、57、58、106、182、183、255、256、276、191

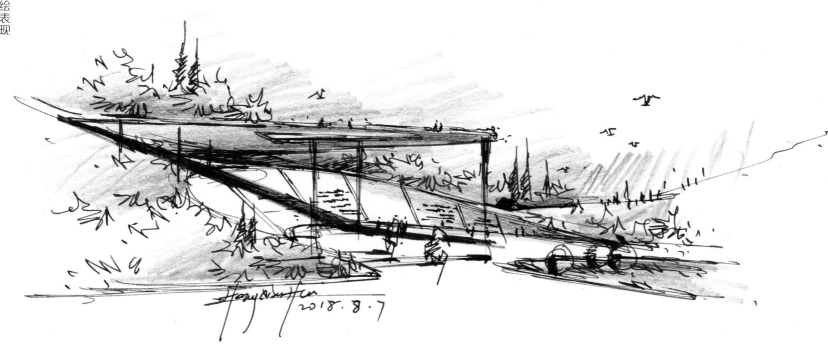

【场景解读】 本案例为陡坎地形，可借助大的落差，在场地的最高点设置观景台，陡坎部分可以做成浮雕景墙的形式。

【配色参考】 彩铅 20、28、5

【场景解读】 本案例为木质休闲建筑，设有户外卡座、遮阳伞等物品，以营造轻松、休闲的休憩环境。

【配色参考】 彩铅 20、28、31

彩铅快速渲染

彩铅在手绘色彩表达中占有绝对的优势，用快速的笔触简单明了地表达清楚空间关系即可。

【配色参考】 彩铅 126、5、48、9、30、32、36

【配色参考】 彩铅 20、26、27、68、36

【配色参考】　彩铅 20、27、68、30、5、48、36

6.2 方案节点表达

　　当我们遇到不错的创意节点时，可以试着推导一下其平面形式或设计理念，以此训练我们的空间想象能力，总结平面图元素衔接的技巧规律，并将其作为一套小节点的形式来积累。

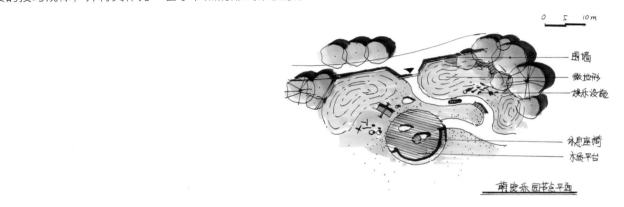

0　5　10m

围墙
微地形
娱乐设施

休息座椅
木板平台

萌宠乐园节点平面

萌宠乐园效果图

【场景解读】　本案例为萌宠乐园节点，宠物在人们的生活中扮演着越来越重要的角色，越来越多的社区公园及城市休闲场地专门为宠物设置了一定的活动空间，为主人和宠物的互动提供了更多可能。

【配色参考】　马克笔　167、168、144、177、130、23、56、62、182、183、63、64、65、239、191

Φ100
不锈钢管娱乐设施

橙色塑胶铺装

球状景观灯

橙色FRP复合材料
内置LED灯带

玻璃钢
布老虎主题雕塑

儿童区景观节点图

【场景解读】　本案例为儿童活动节点，用现代的设计手法将布老虎放大，体现当地特色的民俗文化主题，橘色的钢管结构结合秋千、座椅等形式，为空间注入了更多可能。

【配色参考】　马克笔　215、144、70、160、172、173、23、56、62、253、254、239、191

人行道
绿篱
传达室
景墙
水景

【场景解读】 本案例为中式大门设计，中间为传达室，两侧为中式景墙结合水景的组合。

【配色参考】 马克笔 172、173、38、39、40、253、254、256、130、168、56、62、65、239

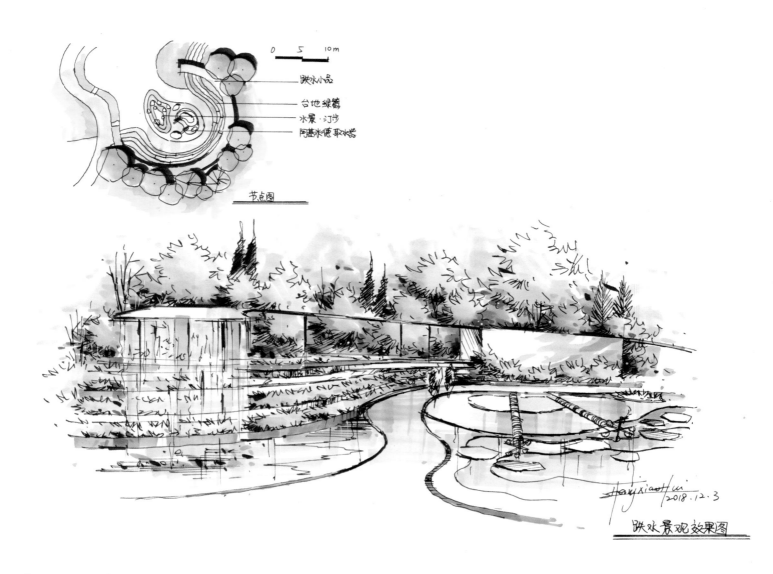

跌水小品
台地绿篱
水景·汀步
阿基米德取水器

节点图

跌水景观效果图

【场景解读】 本案例为跌水景观节点，跌水设计使整个空间有了声音，让人们在空间中拥有丰富的听觉体验，水体中心设置阿基米德取水器，增强了家长跟孩子的互动体验。

【配色参考】 马克笔 1、246、247、182、183、264、209、38、39、40、125、126、252、256、85、191

平面

【场景解读】　本案例为儿童树屋节点设计，大小不同的圆形树屋结合攀爬网、观景平台、休息空间等多种功能空间为一体，塑造环境独特的趣味休闲空间。

【配色参考】　马克笔 56、57、58、106、130、167、168、253、254、85、86、191
　　　　　　　彩铅 20

平面布局图

设计构思演变

松果

几何提取

变形复制

楼梯上

【场景解读】 本案例为树屋节点设计，因脱离了地面，为空间增添了更多的趣味性。人们更乐于攀爬、登高、探索，体量小巧的树屋可以作为短暂停留、休息的遮阳设施，体量偏大的树屋可以作为景区内的酒店客房。林荫下，伴随着风声与鸟鸣，游人可以坐在挑空的观景平台上休息、观景、交流，度过愉快的假期。

【配色参考】 马克笔 167、168、169、56、62、64、65、85、86、246、263、255、256、191

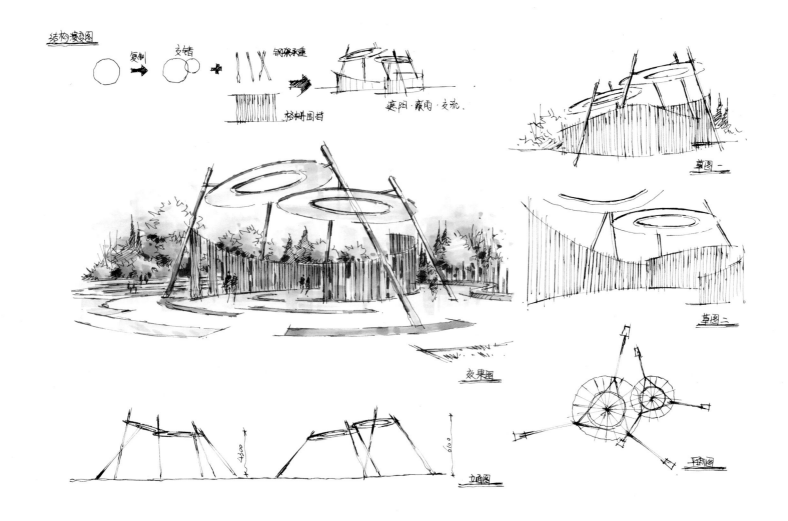

结构演变图

复制　　支撑　＋　钢架承重

杉木围合

遮阳·避雨·交流.

草图一

草图二

效果图

立面图

平面图

【场景解读】　本案例为遮阳棚设计，同样的外观形态，如果体量大一些可放置在广场中心作为地标；体量小一点可作为景观小节点，供人停留、休息，应用十分灵活。

【配色参考】　马克笔　167、168、177、56、62、253、254、38、276、191

【场景解读】 本案例为儿童趣味运动空间，结合人工坡地设置不锈钢滑梯、沙坑、攀爬网、折线休闲座椅（为家长提供就近的看护休息空间）等设施。空间用色大胆，视觉冲击力强。

【配色参考】 马克笔 23、56、57、58、214、144、253、254、256、191

彩铅 20

主要景墙
景观廊架
精神堡垒
0 2 4m

人工叠水

节点平面图（入口）

Shengxiaohui
2019. 11. 13

【场景解读】 本案例为某景观入口设计，折线构架延伸至跌水景观，空间整体统一，橘色"精神堡垒"引人注目，具有城市地标性功能。

【配色参考】 马克笔 23、56、57、58、106、1、2、8、214、240、253、254、256、130、191

彩铅 20

【场景解读】 本案例为儿童活动山地场地，地堡和小屋给空间增添了童话色彩。空间中结合高差设置大滑梯，并配合逐层抬高的地势形成不同的台地景观空间。

【配色参考】 马克笔 23、56、57、58、106、130、38、39、40、253、254、256、276、277、85、86、239、191